来 了

**WE ARE
COMING TOO**

U0215436

中国盆景赏石

2012-10
October2012

中国林业出版社　China Forestry Publishing House

向世界一流水准努力的
——中文高端盆景媒体

《中国盆景赏石》

世界上第一本多语种全球发行的大型盆景媒体
向全球推广中国盆景文化的传媒大使
为中文盆景出版业带来全新行业标准

《中国盆景赏石》
2012年1月起

正式开始全球（月度）发行

图书在版编目（CIP）数据

中国盆景赏石 . 2012. 10 / 中国盆景艺术家协会主编 .
-- 北京：中国林业出版社，2012.10
ISBN 978-7-5038-6776-7
Ⅰ . ①中… Ⅱ . ①中… Ⅲ . ①盆景－观赏园艺－中
国－丛刊②观赏型－石－中国－丛刊 Ⅳ . ① S688.1-
55 ② TS933-55
中国版本图书馆 CIP 数据核字 (2012) 第 234514 号

责任编辑：何增明　陈英君
出　版：中国林业出版社
　　　　 E-mail:cfphz@public.bta.net.cn
　　　　 电话：(010) 83286967
社　址：北京西城区德内大街刘海胡同 7 号
　　　　 邮编：100009
发　行：新华书店北京发行所
印　刷：北京利丰雅高长城印刷有限公司
开　本：230mm×300mm
版　次：2012 年 10 月第 1 版
印　次：2012 年 10 月第 1 次
印　张：8
字　数：200 千字
定　价：48.00 元

主办、出品、编辑：中国盆景艺术家协会

E-mail：penjingchina@yahoo.com.cn
Sponsor/Produce/Edit: China Penjing Artists Association

创办人、总出版人、总编辑、视觉总监、摄影：苏放
Founder，Publisher，Editor-in-Chief，Visual Director，Photographer：Su Fang
电子邮件：E-mail：sufangcpaa@foxmail.com

《中国盆景赏石》荣誉行列——集体出版人（以姓氏笔画为序）：
于建涛、王永康、王礼宾、申洪良、刘常松、刘传刚、刘永洪、汤锦铭、李城、李伟、李正银、芮新华、吴清昭、吴明选、吴成发、陈明兴、罗贵明、杨贵生、胡世勋、柯成昆、谢克英、曾安昌、樊顺利、黎德坚、魏积泉

名誉总编辑 Honorary Editor-in-Chief：苏本一 Su Benyi
名誉总编委 Honorary Editor：梁悦美 Amy Liang
名誉总顾问 Honorary Advisor：张世藩 Zhang Shifan

美术总监 Art Director：杨竞 Yang Jing
美编 Graphic Designers：杨竞 Yang Jing　杨静 Yang Jing　尚聪 Shang Cong
摄影 Photographer：苏放 Su Fang　纪武军 Ji Wujun
编辑 Editors：雷敬敷 Lei Jingfu 孟媛 Meng Yuan 霍佩佩 Huo Peipei

编辑报道热线：010-58693878（每周一至五：上午9：00-下午5：30）
News Report Hotline：010-58693878（9：00a.m to 5：30p.m, Monday to Friday）
传真 Fax：010-58693878
投稿邮箱 Contribution E-mail：CPSR@foxmail.com
会员订阅及协会事务咨询热线：010-58690358（每周一至五：上午9：00-下午5：30）
Subscribe and Consulting Hotline：010-58690358（9：00a.m to 5：30p.m, Monday to Friday）
通信地址：北京市朝阳区建外 SOHO16 号楼 1615 室　邮编：100022
Address：JianWai SOHO Building 16 Room 1615, Beijing ChaoYang District, 100022 China

编委 Editors（以姓氏笔画为序）：于建涛、王永康、王礼宾、王选民、申洪良、刘常松、刘传刚、刘永洪、汤锦铭、李城、李伟、李正银、张树清、芮新华、吴清昭、吴明选、吴成发、陈明兴、陈瑞祥、罗贵明、杨贵生、胡乐国、胡世勋、郑永泰、柯成昆、赵庆泉、徐文强、徐昊、袁新义、张华江、谢克英、曾安昌、鲍世骐、潘仲连、樊顺利、黎德坚、魏积泉、蔡锡元、李先进

中国台湾及海外名誉编委兼顾问：山田登美男、小林国雄、须藤雨伯、小泉熏、郑成恭、成范永、李仲鸿、金世元、森前诚二
China Taiwan and Overseas Honorary Editors and Advisors：Yamada Tomio, Kobayashi Kunio, Sudo Uhaku, Koizumi Kaoru, Zheng Chenggong, Sung Bumyoung, Li Zhonghong, Kim Saewon, Morimae Seiji

技术顾问：潘仲连、赵庆泉、铃木伸二、郑诚恭、胡乐国、徐昊、王选民、谢克英、李仲鸿、郑建良
Technical Advisers：Pan Zhonglian, Zhao Qingquan, Suzuki Shinji, Zheng Chenggong, Hu Leguo, Xu Hao, Wang Xuanmin, Xie Keying, Li Zhonghong, Zheng Jianliang

协办单位：中国罗汉松生产研究示范基地【广西北海】、中国盆景名城——顺德、《中国盆景赏石》广东东莞真趣园读者俱乐部、广东中山古镇绿博园、中国盆景艺术家协会中山古镇绿博园会员俱乐部、漳州百花村中国盆景艺术家协会福建会员俱乐部、南通久发绿色休闲农庄公司、宜兴市鉴云紫砂盆艺研究所、广东中山虫二居盆景园、漳州天福园古玩城

驻中国各地盆景新闻报道通讯站点：鲍家盆景园（浙江杭州）、"山茅草堂"盆景园（湖北武汉）、随园（江苏常州）、常州市职工盆景协会、柯家花园（福建厦门）、南京市职工盆景协会（江苏）、景铭盆景园（福建漳州）、趣怡园（广东深圳）、福建晋江鸿江盆景植物园、中国盆景大观园（广东顺德）、中华园（山东威海）、佛山市奥园置业（广东）、清怡园（江苏昆山）、樊氏园林景观有限公司（安徽合肥）、成都三邑园艺绿化工程有限责任公司（四川）、漳州百花村中国盆景艺术家协会福建会员交流基地（福建）、真趣园（广东东莞）、屹松园（江苏昆山）、广西北海银阳园艺有限公司、湖南裕华化工集团有限公司盆景园、海南省盆景专业委员会、海口市花卉盆景产业协会（海南）、海南鑫山源热带园林艺术有限公司、四川省自贡市贡井百花苑度假山庄、遂苑（江苏苏州）、厦门市盆景花卉协会（福建）、苏州市盆景协会（江苏）、厦门市雅石盆景协会（福建）、广东省盆景协会、广东省顺德盆景协会、广东省东莞市茶山盆景协会、重庆市星星矿业盆景园、浙江省盆景协会、山东省盆景艺术家协会、广东省大良盆景协会、广东省容桂盆景协会、北京市盆景赏石艺术研究会、江西省萍乡市盆景协会、中国盆景艺术家协会四川会员俱乐部、《中国盆景赏石》（山东文登）五针松生产研究读者俱乐部、漳州瑞祥阁艺术投资有限公司（福建）、泰州盆景研发中心（江苏）、芜湖金日矿业有限公司（安徽）、江苏丹阳兰陵盆景园艺社、晓虹园（江苏扬州）、金陵半亩园（江苏南京）、龙海市华兴榕树盆景园（福建漳州）、华景园、如皋市花木大世界（江苏）、金陵盆景赏石博览园（江苏南京）、海口锦园（海南）、一口轩、天宇盆景园（四川自贡）、福建盆景示范基地、集美园林市政公司（福建厦门）、广东英盛盆景园、水晶山庄盆景园（江苏连云港）

法律顾问：赵煜
Legal Counsel：Zhao Yu

制版印刷：北京利丰雅高长城印刷有限公司

读者凡发现本书有掉页、残页、装订有误等印刷质量问题，请直接邮寄到以下地址，印刷厂将负责退换：北京市通州区中关村科技园通州光机电一体化产业基地政府路2号 邮编101111，联系人王莉，电话：010-59011332。

真柏 *Juniperus chinensis* var. *sargentii* 博泰园藏品 摄影：苏放
Chinese Juniper. Collector: Botai Garden Photographer: Su Fang

幸福的秘诀
The Secret of
Happiness

文：苏放 Author：Su Fang

作者简介

苏放，《中国盆景赏石》创刊人、出版人、总编辑。《中国花卉盆景》杂志社社长。世界3大唱片公司之一 Warner music international Ltd——华纳国际音乐集团签约音乐人。1988年时作为主要策划人策划了中国国家一级盆景协会——中国盆景艺术家协会的成立和创会活动。1993年任该会秘书长，1999年至今任该会会长。

Author Introduction

Su Fang is initiator, publisher and chief editor of the magazine China Penjing & Scholar's Rocks and the proprietor of China Flower and Penjing magazine. Besides, he is a contracted musician with Warner Music International Ltd. which is one of the world top three music corporations. Being a major planner, Su participated in the preparations for establishing the state-level China Bonsai Artist Association in 1988. He had been secretary-general thereof since 1993 and assuming the post of chairman since 1999.

如果CCTV来问你：你幸福么？你怎么回答？

近来CCTV所发起的这个"幸福"的提问，其实是一个有关中国的小康社会发展到今天中国人生活质量到底如何的最大的问题。

记得十几年前我第一次作为一个背包客旅行欧洲，在去往巴塞罗那的火车上遇到了一位70多岁的法国老人，当他得知我独自一人已经在欧洲旅游了1个半月的时候十分惊讶，他说他完全没想到我是个中国人，因为在他的印象里，中国人是世界上最勤劳的民族，别人晒太阳的时候中国人都在辛勤地工作，他说从做人的角度上说中国人是他最钦佩的民族，因为中国人的勤奋法国人永远都做不到，但是他又说，作为一个法国人他觉得自己过得还是蛮幸福的。

那时起，我想过很多次这个问题：幸福的秘诀是什么？

钱多就幸福么？未必，看看身边就知道，记得一个身价两亿的北京老板曾经告诉我：他一辈子没出过国，我问他为什么，他说他每天起床后唯一的人生乐趣就是工作，除了工作和加班，他不知道自己还能、还愿意干什么。他说他生活里没有周末这个词。"出去旅游？有什么意思啊。"看着他疲惫远去的身影我总是想到那个法国老人说的话，是的，我们中国人确实是太勤奋了。但这样的人生幸福么？他一辈子都没有出去过，怎么知道出去"有"还是"没有"意思？

有个调查说：美国人收入水平高于新西兰，但快乐水平却正好相反，而世界上的发展中国家委内瑞拉在全世界的幸福感调查中常常名列第一，这说明了什么呢？难道是因为他们有世界上最快乐的音乐——拉丁音乐salsa和闻名全球的世界小姐选美冠军么？

作为一个职业曾跨越过几个不同行业的人，我经常从一个旁观者的角度观察全世界的盆景人，我还真发现了个秘密：玩盆景的人的笑脸远多于其他行业。

幸福的感觉是什么呢？当你看到比你钱多几百万倍的人脸上充斥着敌视、愤怒、焦躁和紧张的表情，甚至有人还为此进了监狱的时候，你突然发现，其实怡然自得远比充满负面情绪的财富人生更能体现生命的本质。财富，毕竟不是天上掉下来的，为了有钱，人们要去拼、去竞争，有的甚至还要去冒与法律博弈的风险，要白手起家，同时还要做到怡然自得，哪那么容易啊。

许多宗教都告诉人们如果把钱看得太重的话，你不会快乐，但这说法也有问题，既然如此，为什么全世界人民不论穷富的共同研究课题都只有一个——我们如何能变得更有钱？

有钱——已经变成了我们的目的，好像除了这件事其他的事都不值得你去费劲。

比尔·盖茨成为了世界上最有钱的人以后，他的人生目的性发生了一生中最大的变化——辞去工作，把所有的财富用基金会的方式还给他曾经用敌视、愤怒和焦躁来拼命与之竞争的"社会"。

结果是什么呢？

全世界都在比尔·盖茨的脸上看到了越来越多的笑容。

那个敌视、愤怒、焦躁的竞争的企业家比尔哪里去了？

比尔·盖茨的变化给人的最大启示是世界上有比"有钱"更好的东西，那就是好心情。

当你给予时，别人给你的笑脸肯定多于苦脸。当你天天觉得别人、社会都欠你的时候，你怎么会有笑脸呢？

在我们生活中，给我们笑脸最多的，还经常就是盆景。

看看周围盆景人的笑脸，我总是感叹，虽然我们没有比尔·盖茨，但一个人一生中能真的有机会认识盆景并爱上盆景，那不也等于拥有了一个幸福基金会吗？看看我们身边的朋友、家庭……你会发现有盆景的地方你看到的笑脸就是远远多于别的地方、别的行业、别的圈子。盆景人聚在一起谈天说地的那种快乐，圈外人其实是很难体会得到的，但盆景人自己都知道，他们为什么快乐。

因为他们的人生中有一个圈外人没有的幸福基金会——盆景快乐基金会，作为一个曾经的音乐人，这一点我一直没有告诉我的那些盆景圈外的朋友和同行，因为我觉得说了他们也听不懂，这个秘诀，你不进这个圈子，是永远也理解不了的。

中国盆景赏石

2012-10
CHINA PENJING & SCHOLAR'S ROCKS
October 2012

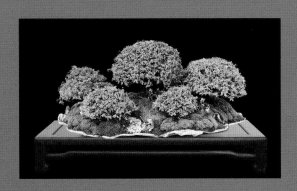

中国盆景赏石

2012-10
CHINA PENJING & SCHOLAR'S ROCKS
October 2012

[中文版，英文版参见《中国盆景赏石·2012－9》第 8 -第 13 页]
[中国語と英語の版本は「中国盆景賞石·2012-9」の 8-13 ペ—ジをご覧ください。]

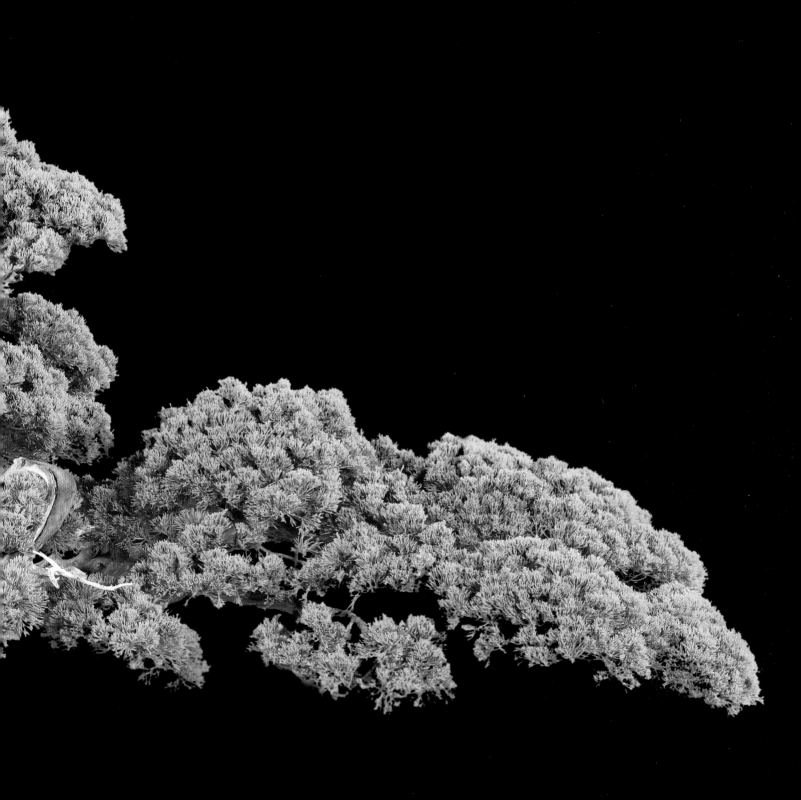

真柏 *Juniperus chinensis* var. *sargentii* 高 115cm 陈明兴藏品 摄影：苏放
Chinese Juniper Height: 115cm Collector: Chen Mingxing Photographer: Su Fang

"紫霞邀月" 勒杜鹃 *Bougainvillea spectabilis*
飘长 75cm 蔡显华藏品 苏放摄影
"Rosy clouds invite the moon ". Paper Flower.
Length: 75cm. Collector: Cai Xianhua. Photographer: Su Fang

景色中国

真柏 *Juniperus chinensis* var. *sargentii* 高约 90cm 李宏虔藏品 摄影：苏放

Chinese Juniper Height: About 90cm Collector: Li Hongqian Photographer: Su Fang

真柏 *Juniperus chinensis* var. *sargentii* 飘长约 130cm 胡启文藏品 摄影：苏放
Chinese Juniper Length: About 130cm Collector: Hu Qiwen Photographer: Su Fang

VIEW CHINA
景色中国

西印度樱桃 *Muntingia calabura* 高 99cm 李聊造藏品 摄影：苏放
West Indian Cherry. Height: 99cm. Collector: Li Liaozao. Photographer: Su Fang

花梨 *Dalbergia odorifera T.Chen* 游锡坤藏品 摄影：苏放
Collector: You Xikun, Photographer: Su Fang

黄槿 *Hibiscus tiliaceus* 高 76cm 林芳华藏品 摄影：苏放
Chinese Juniper Height: 76cm Collector: Lin Fanghua Photographer: Su Fang

毛樱桃 *Prunus tomentosa* 高 33cm 李春来藏品 摄影：苏放
Nanking Cherry. Height: 33cm. Collector: Li Chunlai. Photographer: Su Fang

"神奇的雨林" 博兰 火山石 盆长 200cm 树高 180cm 刘传刚藏品 摄影：苏放

"Magical Rain-forest" . Volcano Stone. Length 200cm, Height 180cm. Collector: Liu Chuangang. Photographer: Su Fang

文: 李新 Author: Li Xin

神奇的作品
——试说刘传刚新作 "神奇的雨林"
Magical Work
—Talking About the Liu Chuangang's New Work "Magical Rain-forest"

刘传刚是我较为关注的一位盆艺家,关于他和他的一系列作品,其实有很多可供发挥的话题,但在这里,我想重点谈谈他的这件新作——"神奇的雨林",借用下他的命名,我将之称为"神奇的作品"。

这是一件全面颠覆了传统盆景样式的创新之作,其构思的奇特、形式的超越、制作的精巧以及在艺术上达到的高度,为近年来罕见,不仅是刘传刚个人创作史上迄今为止的巅峰之作,也是中国当代盆景创作的一个重大收获。恕我孤陋寡闻,纵观整个盆景发展历史,与之相类的作品似乎也从未见过。

尽管,同一作者的其他作品未必尽善尽美,尽如人意,但丝毫不能掩盖这片"雨林"的光芒,这是一件大作品。

说它大,不惟说其体量(当然1.8m的树高也愈发彰示了素材的奇巧和难得),更多的是它所呈现的风貌和气度,传统文论"虽小却好,虽好却小"的感慨在这儿荡然无存——不仅大,而且好,不是大作又是什么呢? 尤其是,作者赋予这庞然大物一种全新的、迥然有异于同类题材的面貌，新鲜、独特、丰富驳杂、动感强烈、大气磅礴，具有极强的视觉冲击力和震撼力，因而也使它挣脱了传统框架的束缚，得以在艺术的天空上自由飞翔，散发出神奇的光芒。

一本多干的丛林创作并不鲜见，然而如此巨大、动感强烈、丰富协调且筋脉相连的材质实在不多。就是在这难得的素材上，作者充分利用博兰萌发力强的特点，着意留蓄培养了丰富密集的枝条，这枝条密集到了近乎"拥挤"的程度，密密匝匝、根干互生、相偎相连为承接阳光雨露，竞相攀附、蓬勃伸展，同时也恰如密集的雨丝丰沛连绵、恣情挥洒。桩材的主体也盘根错节、扭曲怪异、横亘连纵，像极了原始森林中的树木形态。如此主干与枝条交织交融、相互掩映为我们展现出了簇拥繁茂、"万类霜天竞自由"的热带雨林风貌。

这件作品的出现，不仅仅是将大自然中特定景观成功提炼概括、复制还原，更重要的是，它进一步丰富和拓展了盆景表现空间。自刘传刚始，雨林，这一独特的自然景观开始进入盆景创作领域；及至此作，高度成熟、个性鲜明、独树一帜，刷新了人们的盆景思维和视觉记忆，无论题材拓展还是艺术表现都功莫大焉。

题材只是作品的一个方面，对艺术创作而言，形式更为紧要，它决定作品成败。在这件作品中，尽管干身跌宕，动势鲜明，枝条铺天盖地、错综复杂，但给人的印象却不是乱麻一团，而是在动中有静、乱中有序，繁密的树干枝条被有效归纳到了一个既均衡又不断呼应变化的形式框架中，密集的树林簇拥成有力的

团块，秀逸超拔的枝条和雨点般淋漓的叶片又有如灵动的音符闪烁跳跃其间，对团块进行分割调节、对比平衡，营造出了一个既跌宕又宁静、既繁复又空灵的空间秩序。盆中旺盛生长的植物，既可看做一片生机蓬勃、真实可感的雨林，亦可视为点线交织、团块纵横、力与美不断协调变奏的现代雕塑抑或抽象绘画。这也是我感到此作具有宏伟气象的一个关键。它在准确还原了雨林景观的同时，又极具形式意味，模糊了抽象和具象的界限，打破了常规盆景中规中矩亦步亦趋的格式规范，尤其是在21世纪现代艺术因子空前弥漫的今天，其他艺术门类表现形式不断交迭变化，而盆景创作相对滞后的形势下，它的出现意义非同寻常。最起码，它预示或者说启发了一种全新的盆景发展方向——发挥树木（山石）的块面和线性作用，在充分、恰当表现大自然的同时，注重作品形式构成并且突出强化，使之具有强烈的形式感和现代意味，从而走向更为广阔的表现空间。

此前"文人树"即以鲜明的形式感和丰厚的文化内涵给人留下了深刻印象，但与树石组合相比较，还是稍显单薄了些，树石的表现空间似乎更为阔大（当然难度也随之增大），为作者才华发挥提供了宽广舞台。

此作中悬垂枝法的运用，十分大胆巧妙，在直角拐弯垂直枝法（也即通常所说"蟹爪枝"）的基础上有所发展，是作品的又一华彩。"蟹爪枝"前人早有所运用且有经典存世，1990年在"广州省港澳盆景博览会"亮相的香港作品"紫霞垂照"即为一例。但是，像作者这样把干身上下两根枝条塑造成线性垂直的形态还较为罕见，而这种新颖的表现手法，既符合树木为争夺生存空间拼命向上生长的自然状态，同时也与雨林主题呼应契合。

一方面，枝条下垂仿佛雨中倾曳的藤萝枝蔓；另一方面，稠密纤细的枝条上下贯纵，根根林立，像极了峻急淋漓的雨丝。尤其值得一提的是，树林顶端翘立的那几根枝条（包括右端低垂到盆面以下的叶片），轻灵秀逸，极具画意，细细品呲让人心醉，堪称作品的点睛之笔，无论对深化作品意境，还是分割平衡构图，强化形式感，都极为重要，决不可少。

我一直以为，作者和作品之间有一种极亲密的关系。简言之，作品是作者内心的映现和投射，也就是说，是什么人便会做出什么样的作品。刘传刚先生近乎传奇的经历在圈内已被人熟知，上世纪 90 年代初，他离职下海远赴海南创业，白手起家的他，凭借一腔热情、精准定位和勤奋拼搏，先后做出了一系列令人瞩目的举动，可谓掷地有声，风生水起。成功开发博兰素材并连获大奖、走进高校课堂传播盆景理念、开创我国邮票发行史上以个人盆景作品为主题的个性化邮票先例、多次走出国门向海外宣传展示中国盆景、融资过亿打造集盆景、花卉、奇石展示交易为一体的海南花卉大世界……一次次投身，一次次成功，又一次次进发，不愿停步，也从未满足，就像他手下的"风动"系列一样，声势浩荡，劲健昂扬——那盆中阵阵飙扬的飓风，不正是他心中澎湃激情的投射吗？

昂扬、奋发、蓬勃、进取，当是刘传刚生活的主旋律和理解他的关键词。

正因为作者胸中始终充满丰沛的创造热情和勇气，所以他才会选择饱含力感的材质，运用浓密的团块结构，以簇拥密集浓墨重彩的形式，来抒发胸中的豪情和块垒。仿佛也只

有通过这样的形式，才能与他的内心紧密对应，才能充分表达和尽兴。

所以，"神奇的雨林"不仅是一幅充满力感和动势的画卷，一首蓬勃昂扬的生命赞歌，更是作者内心激荡情感的真实映射。

作为企业家的刘传刚并不缺乏胆略和气魄，此作中大体量素材驾驭和复杂结构掌控即是明证，然而真正让我兴奋的是，他那份盆艺家特有的敏感从未消失，几根纤细枝条和零落叶片即是对观者审美心弦的有力弹拨，亦有如离弦的箭，支支击中靶心，让人钦服。笔及此处，不禁想起了多年前作者的一句话：一个盆艺家，还是要靠作品说话。是的，没有比作品再有说服力的了，所有的人事代谢终将褪去，最后留下的只有作品。赵庆泉先生说过：时间只记住精品，艺术只承认一流。我为此做鼓与呼。

同时，这件作品的出现也再次印证了艺术源于生活这个老理儿。若非作者移居海南，置身亚热带，朝夕与茂盛林木相处，耳濡目染，又怎会创作出这般鲜活生动的雨林风貌呢。这是一件从大自然和作者心里生长出的作品，既准确描画了当地自然景观，又充分抒发了内心情怀，切实做到了自然与人文的有机融合。像所有成功的艺术品一样，他的这件创作，弥漫着强烈的个人气息，且形式独特，细节扎实，气魄感人，禁得起反复推敲与琢磨。也只有这样的作品，才能经得起时光检验，恒久流传吧！

基于如上认识，我将之称为"神奇的作品"。

刺柏 *Juniperus formosana* 高 113cm 李伟藏品 摄影：苏放
Taiwan Juniper. Height: 113cm. Collector: Li Wei. Photographer: Su Fang

点评 Comments ▼

文: 徐昊 Author: Xu Hao

刺柏, 李伟藏品 (《中国盆景赏石·2011 ①》60 页)
Juniperus formosana, collection of Li Wei, page 60 of the China Penjing & Scholar's Rocks 2011 ①)

一件能令人玩味无穷的作品, 必不在形式而在意境气象之美。

A work that has endless fun for people attracts people by its beauty in artistic conception instead of by beauty in form.

盆景作品一旦定型, 形式基本保持恒定的状态, 如书画作品, 一旦作成, 千万年也是这个样子。盆景虽然因生长而可变, 但变不离本, 仅强弱盛衰而已。一旦作品有了意境和内涵, 就像躯壳有了灵魂, 变得鲜活生动起来, 使得作品具有艺术生命力, 这样的作品, 才能历久弥新, 百看不厌。

Once a penjing work is set, its form basically keep the constant status, like calligraphy and painting works, once it is done, it looks that way in thousands of years. Although Penjing can change due to growth, the changes cannot be without the root, and it is just strength and prosperity change. Once a work has its artistic conception and connotation, it is like the body having soul, it becomes vivid, making the work has artistic vitality. Such work can be newer with time and not boring for the viewers.

作品根势左行, 与枝势相统一, 主干以舍利和水线互换交替形成。舍利起于右侧, 向上后逐渐覆盖于主干正面, 至上部又分散向右折出为舍利枝, 舍利枝呈向上生长, 气韵与主干相合, 主干的上部为全活体, 至梢部向左折出为顶, 树梢向上伸展部分也作成舍利, 其势也向左, 与舍利干及舍利枝气脉相连, 势相呼应。舍利干的制作纹理自然, 滞畅巧拙, 变化丰富, 颇具美感。

The root momentum of the work goes leftward, in unity with the branch momentum. The main trunk is formed by alternation of Sarira and water line. The Sarira starts from the right, which gradually covers the right side of the main trunk after going upward, and turns right as Sarira branches on the top. The Sarira branches grow upward, and the charm is consistent with the main trunk. Upper part of the main trunk is all living, turns left at the top as top. The part stretching upward of the tree top is also made into Sarira, and its momentum is also leftward, connected with the Sarira trunk and Sarira branches. The Sarira trunk has natural texture, has rich changes and is very beautiful.

该作主干苍古挺拔, 却以左侧低位出枝, 作者以此导引出作品高远旷古的生境之美。作品枝位起落险峻, 线条收放大胆, 枝势徐捷变化, 枝片轻盈犀利, 空间虚实巧运, 出枝衔接照应, 这一切都显得优美自然。

The main trunk of the work is tall and straight, and the branches stretch out from low position on the left. The maker led the beauty of tall, far and ancient artistic conception. The rise and fall of the work is steep, line deploying and retracting is courageous, the branch momentum changes. The branches are light, the space is skillfully utilized, and the branch stretching out is linked. All these appear so beautiful and natural.

作品神情旷古高昂气韵遥指远方, 竟境气象悠远。远方之境, 或可及或莽远, 尽在观者思绪畅扬中。

The work looks ancient and tall, the charm points at far away, and the artistic conception is in the distance. The realm afar can be touched or far away, and they are all in the thinking of the viewers.

金钱 · 艺术 · 人格
Money · Art · Personality
——中国盆景现状漫议
——Discussion on Current Situation of China Penjing

文：黄昊 Author: Huang Hao

作者简介
黄昊，中国盆景艺术家协会副秘书长，中国盆景高级技师，广西盆景艺术家协会常务副会长、专家委员会委员。

中国是个具有 5000 多年历史的文明古国，不论是古代的"四大发明"还是现在的"神州九号"载人飞船遨游太空，无一不反映出中华民族文明智慧的高、精、尖。然而，现实的巨轮带领我们进入一个没文化的时代。这话说得有点危言耸听，却是我们切肤之体会。

时下的中国，国泰民安。据胡润富豪榜信息显示，现在全球亿万富豪一半在中国，这是好事，民富国强嘛，但是富豪们炫富的光芒，污染了文明的净土。有一哥们，为显富有，百元大钞揉成纸条，用打火机点着大钞后去点烟。温州有个富二代，酒驾撞死两人，他对交警说："家里有钱，赔得起！"看来金钱完全扭曲了他的人格，腐蚀了他的灵魂。在银行里等待办业务，只要有个 VIP 客户过来，马上可以插队优先办理，而普通客户可能要花上半天还排不到，自认倒霉地说："咦！嫌贫爱富，谁叫咱穷呢！"现在的富人会所入会也简单，只要你开辆"保时捷"或"劳斯莱斯"过去，马上就是会员了，他们享用一杯饮料的价格是北京普通劳动者一周的工资。外国的飞机制造商说，现在私人飞机在中国销量很好，每年递增，看来我国对私人飞机很快就要限购了。有个外媒财经记者说，现在中国人很有钱，他们拥有的财

富能买下整个地球！

在这种气息的大环境下，中国的盆景事业进入空前繁荣，收藏家、企业家、商人大玩家经纪人等大量涌入盆景界，各地盆景、地景卖场异军突起，对推动和促进盆景市场的繁荣和发展起到功不可没的作用。然而，在这种大繁荣、大发展、大飞跃背景下，我们盆景人中似乎也有一些被这金钱的浪潮打晕了头、迷失了方向的人。

其一，外来品大量涌入，"买来主义"盛行。

国外进口的盆景占据了我们盆景园的位置，抢走了我们比赛的奖牌。试想如果自己没有作品又急于出名，怎么办？花钱买作品回来拿去比赛，准行。反正大陆对岸有大把几十年甚至过百年盆龄的作品，而在大陆，上 30 年盆龄的作品我看为数不多。这种比赛，就像小学生和姚明赛篮球，胜负早已定局，失去了比赛的意义。渴望盆景界对这种现象采取适当的措施，让盆景"比赛"实至名归。

其二，奖牌——人格和艺德的试金石。

自从盆景赛事多起来后，奖牌即成了每次盆景展览的焦点话题。纯金打造的金牌，不管克数多少，金光闪闪，耀眼的光芒毫不留情地穿透艺术家的人格和艺德，时时撞击着艺术家的灵魂，可以说，哪里有盆景大赛，哪里就有变味的金牌，哪里就会产生不满和怨恨，这种情绪源于评比结果不公平，也与主办方推动中国盆景事业发展的初衷相违背。

其中贪得奖牌的形式是多种多样、令人应接不暇的。一是分奖牌，比如，我们大家都是评委，你评我的，我评你的，礼尚往来潜规则，奖牌分完为止；二是送奖牌，大家是多年的老朋友，我在里面做评委，你的作品我认得，和其他评委们通一下气，把铜奖级的作品弄上金奖级，小 case：三是老作品老拿奖，这可是一棵久经赛场的作品，几十年如一日，年年送展，次次参赛，次次拿金奖，够牛吧；四是送前人作品参赛拿奖，那是前人的子孙干的事，本来一位艺术家去世了，遗作该好好保养，让其流芳百世，

这是宝贵遗产，不该拿去拿奖了，然而子孙却不顾原作者的德艺形象，继续拿着遗作做起了"啃老族"；五是评委的作品挂徒弟家属朋友的名字参展这是避嫌，也是为了捞奖金，一举两得，看起来做得天衣无缝，然而世界太小，某个评委有多少盆作品，大家早已熟记在心，要想人不知，除非己莫为！听到议论的当事评委会瞪大白多黑少的大眼睛说，作品我已经卖给挂牌人了，然后旁人会有人悄悄戏说，等展览结束，奖金到手，评委再把作品买回去，难道说不可以吗？无语！实际上，人在做，天在看，就是常说的天地可鉴呀！上对得起天，下对得起地，中间对得起自己的良心，这才是光明磊落！

其三，恶炒某树种，诋毁某树种。

盆景重在艺术性，而非树种。白猫黑猫，抓到老鼠就是好猫，不管是什么树种，出得了精品就是好树种。哪怕是棵速生桉，能搞出一棵上乘之作，谁都会竖起大拇指。但是，现在商业气息浓厚，少有人耐着性子等上10年、20年去创作一盆精品，所以，商家就挖空心思根据自己销售需要去恶炒某一树种。如果盆景人就此跟风，那就大错特错了，中了炒家的圈套，丢了自己的优势。其实，盆景人对某一树种特性很了解以后，才能创作出好作品，如果换另一种自己不熟悉的树种从头来摸索一番，那需要时间，因此，这种错，时间会证明给大家看的。

其四，拉拢一伙人，孤立另一伙人。

物以类聚，人以群分，这是自然规律，然而，盆景界有些现象不是很好，各省、市、区都有这样的人，从思想到艺术到树种，一切以我为中心，不得有不同声音，顺我者昌，逆我者亡！于是，分帮结派，拉拢成伙。我们呼吁，盆景界不需要"教主"，不能容忍树霸、艺霸，文化艺术面前人人平等，包容和谐的气氛下，才能百花齐放，百家争鸣，如果只有一种艺术思想，一种声音，那我们的艺术就会消亡。

其五，自以为是，不肯跟上时代的步伐。

有些盆景朋友，金奖得了不少，大师头衔也得了，树也卖得很好的价钱。所有这些都是对艺术家的综合评价，也是对其成就的肯定，然而，这些都是昨天的事，是你的历史。泰极否来，鲜艳之极归于平淡，如日中天之后，就是日落西山，自然规律，不以人的意愿为转移。可悲的是，当局者完全没有意识到这个规律，还在叫嚷，"我的树最好"、"我的技艺一流"、"全国都认可我，你凭什么敢说我不行？"园子里的作品，垃圾一堆，自己却把它当精品，到处向人炫耀，听见恭维话，合不拢嘴，听见不顺耳的话，脸黑得像包公，所以，身边的人就投其所好，让其穿上皇帝新衣，得意忘形，表面"好评"如潮，实则一丝不挂，这叫做"捧杀"。长江后浪推前浪，前浪死在沙滩上！躺在功劳簿上睡大觉，外面时代潮流滚滚向前，百舸争流，昨天的旧船票，再也登不上新时代的客轮！不与时俱进，最后终究会被时代所淘汰。

其六，忽略民族之魂，又盲目排外。

中国盆景艺术源于中国山水画，这无疑是我们的灵魂。灵魂不能丢，艺术的表现手法可以多种多样，但作品出来后是要表达作者的一种思想，寄托一种情感，题上名字，配上诗词，摆上配件，就成了一幅画，一枝一叶总关情。可是，现在好些盆景人好像忽略了这些文化方面的元素，为做树而做树，为做枝而做枝，一寸三弯，完全按照教科书上讲的去做，作品做成后觉得很别扭，左看右看，觉得它不是个东西，为什么？因为作品没有灵魂！舍利干是表现生与死抗争的最高境界，掌握好分寸，作品的意境会表现得淋漓尽致，但每棵树都舍利，整株树都舍利，还刷上白色的石硫合剂，满园作品看过去，白骨皑皑，岂不阴森可怕！蘑菇顶的大盖帽、密不透风的工笔枝，表现的是一种做枝的技巧，有他们的高招，有可借鉴之处。不管国外哪种艺术表现形式，融会贯通之后，加以取舍，综合运用到我们的作品中去，我们的作品就会如虎添翼！

其七，流派互损，艺术相轻。

许多盆景人在谈论盆景艺术时，无意中表现出来的给人的感觉是自家的孩子最优秀，自己的作品最好。北方喜欢松柏，铝线蟠扎速成；南方杂木见长，蓄枝截干，枝条按比例逐一收尖，效果理想。南北气候、树种、手法不同，形成了南北矛盾。现代的收藏家喜欢玩大的，而传统的盆景人觉得传统的盆景技艺才是盆景的精髓，喜欢玩小中见大的，这是大与小、传统与现代的矛盾。且听他们的议论，传统盆景人：这帮收藏家就是有钱而已，他们不懂艺术的。收藏家则回应：民间艺人搞不出作品，20、30年才创作出一盆盆景谈何推动盆景艺术？还有就是水旱盆景、山水盆景与树木盆景的矛盾，树木盆景人说，你水旱、山水盆景是东拼西凑出来的，几天甚至几小时就能完成，而树木盆景要花上十几年的功夫，能卖几十万一盆，你的能卖这么高的价格吗？水旱、山水盆景人回应说，我们靠的是艺术构思取胜，我哪有时间跟你耗。如此种种，看来谁都有一套，谁都不服谁，最后就是各玩各的，一盘散沙怎么也凝结不成万里长城。

以上罗列的7种现象，虽非主流，但却无处不在，就像虱子一样螯咬着盆景健康的躯体，让其浑身不自在，我们该团结起来，向不正之风开炮，还盆景界以纯洁清静的文化阵地。

金钱是好东西，但我们不要做金钱的奴隶，让金钱牵着鼻子走，任由金钱摆布，任凭金钱指挥我们的灵魂，我们应该做金钱的主宰，合理地指挥、使用金钱，取之有道，用之有度，让金钱好好地为盆景艺术服务。

Rational Treatment of Large Size Penjing

理性对待 大尺寸盆景

大尺寸盆景的时兴，只是盆景事业发展中某一时期的社会现象。中国盆景复兴才二三十年，在相对浮躁的市场经济当今社会，想要改变这种追求大尺寸盆景的倾向，短时间内恐怕不大可能，但这并不是盆景艺术的主流，相信大多数盆景界人士并不认同盆景尺寸越大越好，也玩不起超大尺寸的盆景，所以对此大可不必过于担心。

文：郑永泰 Author: Zheng Yongtai

作者简介 About the Author

郑永泰，1940 年出生于广东省汕头市，高级经济师。1962 年大学毕业后，一直从事航运经营管理工作，20 世纪 70 年代初开始培植制作盆景，2000 年创建欣园盆景园，潜心致力于盆景的制作与研究。

其创作理念是崇尚自然，注重枝法，求真、求美、求精。制作技艺以岭南"蓄枝截干"枝法为基本，博采众长，不拘一格。选材上不论品种，不计贵贱，随缘取材，因材制宜。其作品清新自然，枝法细腻，内涵丰富，所用素材及造型形式多种多样，精品颇多。现任中国园林学会花卉盆景赏石分会副理事长，广东省盆景协会副会长，2011 年被中国园林学会花卉盆景赏石分会授予中国盆景艺术大师称号。

Zheng Yongtai, born in Shantou in Guangdong in 1940, is a senior economist. Since graduation from university in 1962, he has been engaged in the shipping operating management. He began cultivating and making Penjing in early 1970s. In 2000, he created the Xinyuan Penjing Garden, devoting himself to Penjing making and research.

His concept of creation is characterized by respect for nature, focus on techniques and pursuing of truth, beauty and perfection. The making technique is based on Lingnan's "shortening stem and branches" technique, drawing on others' advantages and not sticking to one pattern. In material selection, a material that is suitable to the actual demand will adopted no matter what variety it is or whether it is valuable or not.

His works are fresh and natural with delicate techniques and rich connotation. The adopted materials and models are in varied forms.

Zheng Yongtai is the deputy president of the Flowers, Penjing and Stones Chapter of Chinese Society of Landscape Architecture, and vice-chairman of Guangdong Penjing Association. In 2011, he was awarded "China Penjing Art Master" by the Chapter above.

大型盆景甚至可以说是岭南盆景的另一道风景线或一个亮点，既然已应运而生，谅必给予一定的展示空间，让盆景爱好者互相交流、观摩鉴赏，大家玩得开心，总比采取否定和抵制的态度来得明智。

盆景起源于中国,诗情画意,小中见大是中国盆景的传统基因,是当今中国盆景艺术发展中必定继承的基本原则,这应是毫无疑问的,但"小中见大"并非一个具体尺寸,而是一个创作理念。小到什么程度,怎么才算小,则必须理性思考。

随着经济的发展,人们的居住环境、生活情趣、审美观念都在不断变化,仅是"几案可置"的盆景已不能满足人们的需求,特别是在市场经济的影响下,出现了不惜高价收藏某些稀有树种、百年老桩、超大体量盆景的热潮,乃至于相互攀比,引起盆景界的众多关注和议论。笔者认为,大尺寸盆景的时兴,只

是盆景事业发展中某一时期的社会现象,收藏大尺寸盆景的基本上都是一些有条件、有实力的企业家、私家盆景园,其中定位各不相同,有的是为了满足拥有感、提升品位,有的觉得奇货可居、期望升值,更多的是认为大尺寸盆景够气势、有"霸气",观赏起来够味,摆设在私家庭院或盆景园够分量,也有少数企业家纯为喜爱盆景艺术,为了追求良桩精品而不论尺寸规格,重金收藏,而盆景经营者为了迎合市场需求,追求经济效益、舍小求大,搜罗大体量山野老桩,境外一些不被看好的大尺寸树桩也进入国内市场,引起议论也是难免的。中国盆景复兴才二三十年,在相对浮躁

三角梅 树高 175cm 郑永泰藏品

的市场经济当今社会，想要改变这种追求大尺寸盆景的倾向，短时间内恐怕不大可能，但这并不是盆景艺术的主流，相信大多数盆景界人士并不认同盆景尺寸越大越好，也玩不起超大尺寸的盆景，所以对此大可不必过于担心。

人们对盆景的爱好各不相同，有的喜爱松树、有的喜爱杂木、有人喜爱山水盆景、有人喜爱微型组合，但也有些人就是喜欢收藏大尺寸盆景，正是"萝卜青菜，各有所爱"，这是无可非议的。大尺寸盆景一样是由桩头培育而成，桩头体量大，要使枝干比例过渡协调，培育时间会更长，投入精力更多，造型和保形难度更大，一盆成熟的高度120cm的杂木盆景，其修剪整形比一盆70cm的同样树种，起码要多花一半时间，制作精良的大尺寸盆景一样具备艺术含量，且观赏起来更具气势，但如作为照片却分不出尺寸大小，所以不能简单地认为120cm以上的盆景就违背小中见大的原则而加以否定。在广东一些盆景发展较快的地区就不乏这种大型、超大型精品盆景。

基于这个出发点，岭南地区的一些盆景展览，就已将参展规格放宽到150cm，当然这是一种探索，也收到预期的效果。老实说，笔者本人认为，最

> 全国性盆景展览除了展示盆景发展水平之外，更在于引导盆景发展方向，必须坚持体现小中见大的艺术原则，当前所规定的树高和盆长 120cm 规格比国际上共识的 100cm 有所放宽，已经充分考虑到国内的实际，我认为树木盆景这个规格是适宜的。

理想的树木盆景规格是树高100cm左右、基干粗17cm左右的大的树型，我自己不做超大型盆景，但共赏超大型盆景也是一种享受。诚然，盆景尺寸若越来越大成为趋势，就会偏离盆景的艺术轨道，有的所谓够"霸气"的巨无霸，其实就是地景树，有的天价名贵超大桩头，做出精品的可能性几乎为零，要改变这种现象，主要还是在于不断提高盆景队伍的整体素质修养，除非批量的商品盆景外，应真正把盆景本身作为文化、作为艺术来对待，不要过于商品化而急功近利，而是实实在在不断提高自身的盆景养护技术和创作技能技巧，争取更多有分量的中小型盆景精品问世，并给予更多的参加展评机会。

近年来一些全国性大展中优秀中小型盆景漏评现象恐怕不少见，小型盆景所得奖项过少的原因主要是制作和送展的小型盆景精品原本就太少，笔者考察过好多地方，中小型盆景其实数量不少，但真正能出得厅堂的却寥寥无几，而日本和我国台湾地区，精美的小型、微型盆景比比皆是，人见人爱。

盆中之景该有多大？
What Sizes the view that we can see on Penjing?

现在世界盆景发展的主流，体量都是控制在中小型上，特别是日本在这方面有严格的规定。难道全世界搞盆景的人都在守旧，而唯有中国盆景人敢于突破创新？看样子"缩龙成寸，小中见大"已不再适合现代中国盆景艺术了…

文：黄建明 Author: Huang Jianming

现在中国盆景的体量越来越大，作为一名盆景艺术的业余爱好者，对盆中之景产生了疑惑，甚至有点迷惘。但静下心来仔细想想，再回过头来看看盆景的起源，以及前辈们对盆景体量上的认知度，古代人对盆景的诠释，当今世界盆景发展的趋势，至少我个人对盆景体量有了清醒的认识，以中小型为主流，大及超大型为支流，这无论从哪个方面讲，都是符合今后中国盆景乃至世界盆景艺术健康发展的正确方向。就此，中国盆景界有关权威机构迫切需要出台一些刚性的规章，以引领中国盆景朝着健康有序可持续发展之路迈进，这个问题已没有时间再扯皮了，更无价值。

盆景的艺术造化一个字"缩"而并非原样复制，它是将自然界不同树种美丽且富有个性特征的不同姿态形式，经创作者的巧妙剪裁、精心培育，艺术化地浓缩于咫尺盆钵之中，成为盆中之景，小中见大是它要达到的强烈视觉效果，这就是它的魅力，也是这门艺术的惊人之处，这也是盆景材料要叶小、皮裂、嶙峋、坑槽、粗矮等等选材的基本要求

的原因所在，以此来体现"材"虽小，但体貌很苍劲、老辣，让人赏后觉得"相"很大的视觉效果。如果盆景体量本身就很大，只能远观，难以近赏，因此这些细部的诱人的鲜明特征，就会被忽略，而被雄伟高大的气势及制作精良的外貌所掩埋，很难让人的视觉集中到这些非常能反映内在的质感上来。如此，欣赏者就不是在看盆景，而是在看风景树，这棵树确实是漂亮，仅此而已。如果是这样的话，倒不如与自然大树去亲密接触，去看看黄山的迎客松，我想如此美的自然大树，可以胜过任何一件大型盆景。

主张盆景大型化的人认为，大型盆景（包括特大型盆景）是与时俱进，是对模仿思想及守旧观念的一种突破创新。依笔者看，它确实是一种突破，但不是在艺术层面上，而仅是材料体量上的，或者说是迎合市场上的。体量过大，它就会冲出盆外，成为"池景""园景""街景"，甚至成为城市绿化中的景观大树，这就是它真正意义上的彻底突破了"盆中之景"的守旧观念。假如说大就能实现艺

术上的创新突破，那恐怕未免太容易了，只要花大价钱买大桩就可实现，盆景艺术太容易，太简单，太没有内涵，这确实是存在着观念问题，可能还有基本的认识问题。现在世界盆景发展的主流，体量都是控制在中小型上，特别是日本在这方面有严格的规定。难道全世界搞盆景的人都在守旧，而唯有中国盆景人敢于突破创新？看样子"缩龙成寸，小中见大"已不再适合现代中国盆景艺术了。书画艺术主要是以纸为载体来进行创作，也可在墙壁上作画，地毯上也能创作，但这些艺术形式与其真正意义上的书画作品，至少在称谓上是有区别的。同属不同科，盆景亦是如此。体量过大亦难称之为盆中之景——盆景。古人讲马槽形态所称适合栽树桩的花盆，这就是盆景体量的需要，难道我们要创新突破，将小的碗盘，再进行扩大，变成别墅中的游泳池，栽上参天大树才过瘾，才是突破传统守旧思维，与时俱进了？这点，我可以肯定地讲，绝不是今后中国盆景乃至世界盆景艺术发展提高的方向。

人类的任何艺术活动，要想保持它的旺盛生命力，必须要有广泛的群众基础，推广普及是维持及稳固发展的根基。玩盆景没有门槛，不应让它成为贵族俱乐部，盆景协会不是商会，让广大的民众积极参与，就如同唱民歌、唱地方戏一样，只要喜欢都能不受限制参与进来，依据自己的条件，养花种草，堆山栽桩，各有所好。

你有条件玩大型盆景，是你的选择，但不能说你就能引领中国盆景发展的潮流，更不能简单地说这就是创新突破、冲破守旧模仿思维。艺术是艺术，经营是经营，广告是广告，它们各自要追求及要达到的目的，未必是一样的。宣传提倡盆景大型化，就会将大多数的人拒之门外，盆景不是高尔夫。盆景比大，可能是潜意识的比势力，很难在其他层面上找到答案。当今中国盆景界少数人玩盆景，他们的玩法、他们的功夫，很难说是真正喜欢盆景，让人感到他们玩的总是经济实力，是刺激、是斗气、争脸，盆景作品的艺术内涵较难量化，可体量大小却能一目了然，大也就是急功近利、想一夜成名的人的捷径: 我能将大师以及国外的盆景，买来冠上我的大名，并能随意参加各类展览，且肯定能拿大奖，你能吗? 肯定不能，因为你没有这个经济能力。当今中国社会，只要有钱就可以为所欲为，礼仪廉耻被金钱压变了形，更别谈做人的道德及社会责任了。试想玩盆景搞艺术的人，在这个问题上迷失方向，不能正确处理艺术关系，如此发展下去，中国盆景想真正重返世界舞台，真正站在创始国的位置上，受世界尊重，恐怕不太容易，玩过了火，甚至有辱中国盆景艺术。玩盆景是要花钱，但盆景艺术水平不是因为你经济实力强就肯定说你的艺术水平高。真正有内涵、有品位、有意境的佳作，未必什么人都读得懂，所以说有钱并不等于你有盆景方面的艺术细胞，就具备鉴别艺术品层次的能力。处于争第一、喜欢受人尊重，是中国新兴 CEO 们的正常心态，以大来装裱自己，想在盆景界争得一席之地。从心理上讲，我非常理解，因为他们中的部分人，以前由于各种原因比较贫困，甚至受人歧视，生活在"底层"，感谢邓小平的好政策，加之他们自己非常勤奋刻苦努力，胆子大了一点，步子快一些，无论白猫黑猫，终于成了好猫……扯远了，扯到人上了，恐怕又会让人误会，但也确实没办法，事在人为，这也是现实。

鼓励提倡发展大型盆景，还有一个潜在的更严重问题，那就是保护自然环境。大型、超大型的素材哪里来? 恐怕绝大多数是要从高山上索取，园培材料中是很难寻觅到百年以上的大桩、老桩，有的也都是城市改扩建中取得的极少私家庭院树改制而成的，这就不得不让人考虑这个严峻的问题，从这个意义上及中国国情，中国盆景的现状上看，限制盆景的大型化已迫在眉睫，中国许多方面都很快与国际接轨了，而唯有特别需要办的，保护自然生态环境，保护濒危物种，却迟迟未真正严格的接上，有无法律法规，有无按法行事，不太清楚，但现实却是让人堪忧，对于山采树桩，到目前为止，世界上恐怕没有几个国家有我国有这样"好"的"宽松"条件。

盆景是集绿化、美化、净化、香化环境为一体的艺术品，它应该起到对不仅是小环境（家庭）而且对大环境（自然生态）有积极有益的贡献功能，而不是以牺牲破坏自然生态大环境为代价，去上山乱采滥挖（不仅指大及特大型桩材）来满足个人私欲及美化小环境。由此，我以为该到手下留情的时候了，给我们的子孙后代留点遗产，杀鸡取卵的事该停止了，这也是中国盆景艺术今后能够健康可持续发展提高，真正走向世界的必由之路。

中国盆景用什么特色
走向世界盆景的舞台？

What Features Will
Help Chinese
Penjing Go Global？

汤锦铭 中国盆景艺术大师 中国盆景艺术家协会副会长

中国的盆景要登上世界的舞台就一定要创新！

盆景是大自然山、水、植物的缩影，一定要向大自然学习，源于自然、求其自然，体现大自然植物的雄、奇、古、秀的四大特征，只有做出有个性有变化并且奇特的盆景作品，才能在世界盆景界中处于领先的地位。

在寒带树的盆景制作方面，我们要承认日本的柏树、黑松确实比我们做得好，尤其是舍利干的制作和整体处理方面很精细，当然这与盆景制作的年份是离不开

的。但我们中国的盆景艺术也不差，甚至某些制作技艺超过日本，如广东岭南盆景制作技法、福建榕树盆景制作水平都很高超，还有其他省市盆景艺术的制作风格在世界盆景领域上也是首屈一指的。因此，我们要带着自信昂首阔步地登上世界盆景艺术的大舞台！

中国的文化历史悠久，传承着古老的东方文明，中国的盆景也是中国文化的一种体现，国外不能完整地理解其中的韵味，这也是情有可原的。中国的盆景艺术应该从以下几点加大宣传力度：（1）通过书籍及媒体传播中国的盆景艺术；（2）中国盆景界人士应该经常参加世界性的活动，与各国进行交流；（3）中国盆景艺术大师应该到各国表演中国盆景制作，介绍中国盆景的特色。这样通过各个角度的文化交流传播，才会让世界了解中国盆景艺术，感受中国盆景艺术并喜爱中国盆景艺术。

李伟 中国盆景艺术家协会副会长

中国盆景的特色在于其自然性，其实任何艺术都源自于自然，书法、绘画的理念也是从自然中学习来的，盆景更是如此，自然之中有无穷无尽的奥妙需要我们不断地学习、不断地探索，这是一个永恒的课题。中国的盆景艺术要走向世界，就要展现出盆景的自然性与创作者主观性的融合，做到景中有诗、景中有画。这样的景致才是雅俗共赏的，才是世界共通的美感。

现在很多人尤其是中国台湾、日本的盆景界人士在大力推崇人工培植法，从环保的角度上看确实

是有诸多的好处，但是我们在学习这点的时候也不要过于规范化，千篇一律地制造出来的不是盆景艺术品，只是工厂里批量生产的商品，失去了盆景原有的意境。在欧美，很多人把盆景看作是一种园艺的形式，这点我是不赞同的，园艺是对树木的裁剪，是短暂的一种造型，而盆景艺术是有生命的，对它的塑造是饱含情感的，是可以一代代继承延续下去的。

总之，大自然的鬼斧神工是我们创作盆景最好的老师，无论是中国盆景的发展，还是中国盆景想在世界的舞台上占有一席之地，都要向大自然潜心学习。

吴松恩 中国盆景艺术大师

对于中国盆景走向世界的舞台，我个人认为"酒香不怕巷子深"，现在通讯变得发达，世界上各个国家的距离已经不像原来一样遥远，中国的盆景艺术达到一个高的水平自

然会吸引国外的目光，走向世界并影响世界盆景也就变得容易了。关键是我们在欣赏他人长处的同时，也要不断地总结经验、不断地反思自己的不足，逐渐地完善自己。

在盆景的评比方面，因为中国盆景的评比往往没有具体的分类，所以大盆景、小盆景放在一起进行评比，如此一来难免有所不公平。中国盆景事业的发展现在呈现多元化的趋势，盆景创作者根据自己的喜好创作大盆景或小盆景是无可厚非的，如果中国盆景的评比能有具体而细致的分类规定，使不同大小、不同种类的都能获得恰当的评价，我想那将会促进中国盆景的发展。但是在评比中要想定一个统一审美标准，我认为是很难的，根据评委的个人修养、见识、造诣等水平的不同，对盆景的欣赏自然不同，只能从树的成熟度、章法、尺寸等客观的方面加以评论。

我认为中国的特色就是多姿多彩，地区不同、派别不同、创作者的审美观不同，都会有不同的创作，而且随着时间的推移也不断有新的技法出现。每一盆盆景都是独一无二的，不可能完完全全地照搬照抄，如果一个盆景创作者没有自己独特的看法、没有创新的意识，那就很难受到别人的欣赏。创新的盆景不代表一定是优秀的但只要是优秀的创新作品，那肯定是会得到认可的。

陈万均 中国盆景高级技师

要打出中国盆景的品牌，就要尽快地推出多种的含有中国特色的盆景。

首先，在中国盆景的流派里，岭南派的盆景是备受推崇的，但是并不能说现在的岭南派盆景就可以代表整个中国盆景的特色，这是需要时间的，岭南派还需要改进，要通过盆景界各个流派的人士多交流、多沟通来达成一个共识，才能形成一个以岭南派为主、又融入了各个流派元素的、具有中国特色的盆景艺术流派。

其次，虽然中国因为一些历史原因在盆景的发展上有一个断层，和日本的盆景艺术相比还有差距，但那主要是时间问题，我们也有自己的优势，中国的资源丰富，树的品种多，为盆景的制作提供了便利的条件，我们可以利用这些有利条件创作出种类齐全、姿态各异的中国盆景，甚至一个盆景也可以包含很多内容、很多特色，比如按照山水画去做林型盆景，一个树桩中就可以包涵多种形态的枝托如回头、悬崖、水影等。中国盆景的多样性和变化性将为有中国特色的盆景走向世界打开一扇大门。

最后，中国的盆景艺术还缺乏沉淀与创新。现在的中国盆景界有部分人为了追求快速的经济利益，并没有认真地去解决配盆和陈列等细节问题，盆景的艺术氛围还很浮躁，这需要我们的潜心钻研和积累经验，逐渐沉淀出中国特色的盆景艺术。此外，国外的尤其是欧洲的盆景爱好者更看重有独特艺术形态的盆景，单纯的模仿是不能走向国际舞台的，新颖的、有创造力的盆景才能向世界展现中国盆景的魅力。

毛竹 中国盆景高级技师

关于中国的盆景艺术走向世界的舞台，我是不提倡推出一种主流流派这种说法的，但是我不反对风格。流派很多时候有一定地域性及局部性，我认为我们应该继承传统但不被传统所束缚，

不是要把哪一个流派推向世界，而是要把我们综合的风格展现给世界。而且，我也不赞成盲目地说走出去，做好内需才是中国盆景的最好选择。

那么，中国的盆景艺术如何才能够做强做大呢？以下是我的几点看法。

第一，中国盆景队伍的组建是极为重要的，每个盆景爱好者都是这个队伍的基本"队员"，盆景队伍要有一个质的飞跃就得后继有人，队伍的基本"队员"组成年龄段应该是阶梯型，职业涵盖面应该广及一些大专院校师生，我们已经看到中国盆景艺术家协会领导班子做了很好的示范，中国盆景后继有人曙光已经初现。

第二，盆景制作产业没有经济方面的推动就不能很好地普及，因此，我建议从事盆景制作的人要转变观念，不要局限在大小尺寸的框框里，要把自己的思路拓宽，既提高盆景制作的质量，又获得一定的经济利益，同时也间接地推动盆景事业的发展。值得欣慰的是，中国广西的李正银先生用敢为天下先之胆气带领他的团队走着前人没有走过的路，这预示着中国盆景的改革已经开始，我们满怀信心期待着。

第三，我们要博取众家之所长，广泛地学习盆景方面的知识。既学习国内各流派的精华，也借鉴海外优秀的地方。若能取别人之所长并为我所用，那中国盆景在世界的主导地位也就指日可待了。

罗传忠 中国盆景高级技师

中国的盆景能够走向世界的一个重要的条件，就是南北流派的互相学习，而不要互相排斥，不要争论谁为主要流派，如果都以一种"天上地下，唯我独尊"的态度，那中国的盆景流派就永远都不能接近统一，更无法推出属于中国特色的盆景理念。宋·朱熹在《观书有感》中写到："半亩方塘一鉴开，天光云影共徘徊。问渠那得清如许，为有源头活水来"来比喻学习中不断吸收新知识，故能进步不止。盆景艺术也是如此，固守一种观点只能退步，要想前进就需要解放思想，不断地吸收新知识，不管是国内的还是国外的，不管是传统的还是现代的，不管是保守的还是创新的，只要是能为我所用的，就应该学习、借鉴、吸取。当然，也不是一味照搬照抄，要有一定的鉴赏力，去其糟粕，取其精华。

而且，我们在创作盆景的时候要始终保持一种精益求精的态度，包括盆面、根部、泥土、青苔等，一样也马虎不得，配盆和几架更是如此，要量体裁衣，既不能太寒酸折损了景本身的气质，也不要过分地装饰而喧宾夺主。

艺术的东西和音乐一样，本身就是一种语言，不用解释和说明，只要是好的作品，就会像优美的旋律一样，既去而余音绕梁，三日不绝。因此，中国的盆景艺术走向世界的舞台，真正该做的是提高自己的水平，而没有必要过分担心文化差异。

周士峰 中国盆景高级技师

中国岭南派盆景在中国盆景界是非常有名的，中国岭南派盆景的技法在杂木上的表现是淋漓尽致的，无论是在整体的章法上还是在视觉冲击力上都得到了广泛的好评，但是不能因此就以岭南派的风格代表整个中国盆景的特色。一方面，虽然前几年很多人常常强调自己的所属流派，在派别的问题上各持己见的争论也很多，但是随着盆景的发展，各个流派的交流越来越频繁，在北方的盆景中能看到岭南派的技法，在岭南派的盆景中也有北方的特点，可以说地域

的分界已经变得不明确了。我个人认为，随着中国盆景的发展，流派会渐渐淡出历史的舞台。另一方面中国地大物博，中国的盆景形式多样，不能框在某一个流派、某一种风格、某一个形式上，单一的表现肯定是不能说明中国盆景的整体特色的。

中国盆景的特色在现阶段还不是十分明显，或多或少还有一些模仿、个性不强等不如人意的地方，但这是发展过程的一个特定历史阶段，是形成一个有中国特色盆景体系的过渡阶段。随着时间的推移，盆景创作者在比较客观的审美角度的基础上，慢慢建立起蕴涵着中国文化底蕴和个人修养的创作思想以后，中国盆景将以一种崭新的姿态出现在世界的舞台上，并且我相信这个时间不会太远。

吴润平 中国盆景高级技师

关于中国的盆景大会和盆景事业我和我身边的盆景爱好者都是持着一种积极的态度，去年南通"久发杯"的盆景展我们都去参

观了，我也作为其中一员参加了高级技师的考试。此外，还有很多热爱盆景的朋友都争先恐后地想成为中国盆景艺术家协会的会员，我们还将准备举办地方性的盆景展览，争取参加中国盆景艺术家协会举办的大型盆景展。只要中国盆景艺术家协会举办的大型盆景展，我们一定要去参观学习的。

但是，很多国内盆景展览每年展出的盆景重展的作品较多，还是原有那些作品，缺少新鲜感。这会给前来观展的外国人留下中国盆景的优秀作品不多的印象。实际上在民间还是有藏龙卧虎的作品，但是民间人士未必想得到参展，有的甚至根本没有参展的机会，如果能组织专家团队在民间发掘优秀的作品，展现给世界更多样的、更体现中国特色的新作品，那反响将会完全不同。

另外我觉得不管在哪里，大型盆景总是招人喜爱的，尽管在参展方面总会遇到一些条款的限制，但喜欢大型盆景的人依然是一个相当庞大的群体。每个国家、每个人的审美观点都是不同的，日本的盆景大多数是中小型的，作品的风格模式都差不多，养功是很好，但是我认为看起来小气，我还是喜欢我们国内一看就很大气的盆景。而且，中国的流派很多、制作方法也很多，和绘画是一样的，中国有很多种画风，国外来宾观看各种样式的都有，这会满足不同的审美需求，这就是中国盆景特色。对于流派，我认为中国盆景流派的多样性本身就是一个国家的风格体现，百花齐放是中国盆景爱好者所期待的。各个风格都能代表中国的风格，博大精深的"博"大概就在于此吧。

制作：樊顺利
撰文：胡光生
地点：安徽南陵县缘聚园
时间：2012 年 5 月 11 日
Adapter: Fan Shunli
Author: Hu Guangsheng
Place: Yuanju Garden, Nanling, Anhui
Time: 11th May 2012

因材施艺1

——黑松与刺柏的改作实例

Creating Penjings in Accordance with the Materials Qualities 1

- Practices of Recreating a Black Pine

图 1 用了 2 个小时制作完工后，正面树势效果
Figure 1 The front view of the tree after completion of the making which lasted for 2 hours

图 2 原黑松坯材正面树相
Figure 2 The front view of the original black pine as the material

Creating a Penjing in Accordance with the Materials Quality
-Process of Recreating a Black Pine

因势利导——黑松制作过程：

一棵山采的野生黑松盆景桩材是非常难得的，这盆野生黑松是天然的"小老树"，从根盘到树梢过渡流畅，根、干、枝都非常协调，野味十足，且在盆中养护多年，长势旺盛，符合造型所需条件。

图 3 原黑松坯材背面树相
Figure 3 The back view of the original black pine material as the material

图 4 审视树势结构后，果断将左第一枝干缩短至理想的点位
Figure 4 Having examined the structure of the tree, without hesitation , I scissored the first branch on the left to make it as short as I desired

图 5 对左第一枝干上枝条布局定位制作
Figure 5 I arranged and fixed the twigs on the first branch on the left

图 6 同图 5
Figure 6 The same scene as what is shown in Figure 5

A stump of a black pine for a Penjing is hard to find in a mountain. The wild black pine in the pot is a naturally-aged tree, with smooth outline between the roots and the top, having harmonious roots, trunk and brunches, looking very wild; in addition, it has been grown energetically in the pot for many years; therefore, it is very suitable for making a Penjing.

图 7 过左第一枝干上枝条初定位效果
Figure 7 The results of preliminary arrangements of the twigs on the first branch on the left

图 8 过长的枝干过度比较臃肿，且变化不大，同时枝片分布没有位子，故而左第一枝干必须缩短
Figure 8 A too long branch looked cumbersome and monotonous in addition, it left no space for twigs arrangement; therefore the first branch on the left has to be scissored short.

图 9 后背枝枝位下偏，做适度调整
Figure 9 As the position of the branch on the back was low, I made proper arrangement.

图 10 在枝位分布同时樊顺利向大家介绍缠绕金属丝与枝走向的要点
Figure 10 While arranging and fixing the twigs, Fan Shunli was telling everybody about the points one should pay attention to when he/she winds wires on the twigs and direct them.

图 11 主干收顶制作
Figure 11 I created the top on the main branch.

图 12 同图 11
Figure 12 The same scene as what is shown in Figure 11

图 13 总体枝位调整
Figure 13 Arrangements of the branches and twigs as a whole

　　为保持该树材的天然野趣，结合松树的自然生理特性，造型主要以因材施艺之手法，因势利导，把树材原有不失自然法则又符合盆景比例的美点和"势"，通过造型制作展现出来，并在不断的养护中整形完善，直致达到盆景艺术审美的要求。

图 14 同图 13
Figure 14 The same scene as what is shown in Figure 13

图 16 制作完成后背面树姿
Figure 16 The back view of the tree after completion of the making

To maintain the wild nature of the material, combine the natural feature of a black pine, the Penjing is created in accordance with its quality, by showing the beauty and power of the black pine compliant to the natural principle in proportion to a Penjing, and completed by giving it continual maintenance until it becomes good enough to be a Penjing.

图 15　制作完成后侧面树姿
Figure 15 The side view of the tree after completion of the making

图5

赤松盆景"观沧海"制作及赏析
The Production and *Pinus Densiflora*
Appreciation of the
Penjing "Gazing out across the Ocean"

制作: 徐方骅 撰文: 徐昊
收藏: 鲍家盆景园
Producer: Xu Fanghua Author: Xu Hao
Collected by: Baojia Penjing Garden

作者简介

徐方骅，中国盆景高级技师。1969年出生，浙江安吉县人。1991年跟随中国盆景艺术大师徐昊先生学习盆景制作技艺。1993年受聘于杭州怡然盆景园专业从事盆景制作至今。他功底扎实，技法精练，认真仔细，擅长制作各类树木盆景，且精于松柏盆景的制作。作品得到盆景界同仁的广泛好评，在各级盆景展览中曾多次获得过大奖和金、银、铜奖。

About the Author

Xu Fanghua, born in 1969 in Anji county of Zhejiang province, is a senior craftsman of China Penjing. In 1991, he followed national famous artistic Penjing master Xu Hao and learned the making techniques of Pengjing from him. Then, in 1993, he was employed by the Hangzhou Yiran Penjing Garden and engaged in Pengjing making until now. With the solid skills, refined techniques, and the conscientious attitude, he is adept at making various types of tree Penjing, pine and cypress Penjing in particular. He was widely praised with his Penjing work in the Penjing circles, and won many big prizes including golden, silver and bronze medals at different levels of Penjing exhibitions.

图1

图2

> 年复一年,观风起云涌,奏雄浑松涛,吸天地精华,修千年之身。

松树盆景的取材不外乎三种途径: 一是生于高山崖顶, 长在石罅岩缝中的松树, 如 "高可盈尺" 的天目松材料, 其倔曲多姿, 枝干道劲, 矮小而苍老, 枝干的内质变化丰富。二是长在矮山丘陵上的松树, 从小屡遭樵夫砍伐, 形成矮壮而曲折, 线条颇具转折顿挫的树桩, 如马尾松、赤松、黑松等。三是人工培育的素材, 以实生或嫁接繁殖, 定向培育成盆景素材, 如黑松、五针松等。

盆景 "观沧海" 素材为山采赤松, 年久而苍古, 想是历经几代樵夫的无数次砍伐, 真可谓樵夫不知树生时, 树见樵夫几回老。由于屡经砍伐, 主干的下半部已是满身疙瘩, 平添了几分沧桑感。树干的上半部分想必是后来长成, 没有下半部分那么年久, 显得较细而稍嫩。

作为松树盆景材料, 主干收梢过快过细是其缺点, 因为在自然界中, 古松的主干大多上下粗细变化不大, 所以显得清刚而坚贞, 具有凛凛难犯的君子之气。而且这棵松树主干线条的转折呈两个直角状, 为线条转折中的大忌。第一出枝又正好在其中一个直角的内弯处, 这也是在盆景制作中所忌讳的枝位。但这棵树桩主干的下半部古拙苍老, 龟纹深裂, 变化丰富, 颇有可取之处。要想将这棵树桩制作成一件优秀的盆景作品, 就必须扬长避短, 充分利用下半段树桩的优点, 化解树桩存在的各大缺点(图1)。

一棵百年老桩, 若想在短期内将上半段过细的主干养到理想的粗度, 又想使树桩保持古老的形态不变, 那是一件很困难的事。目前的办法是将树桩长势复壮, 将枝条养粗, 以较粗的枝条来增加主干上半段的分量, 分解下半段粗大的树干, 在视觉上达到粗细过渡的平衡, 而且枝繁叶茂时, 主干也会随着时间慢慢地变粗。

经过数年的精心养护, 树枝逐渐粗壮起来, 作者开始第一次的整枝造型。在此之前的养护过程中, 作者已对树枝的位置进行过数次调整处理。这棵松树原来定植为重心居中, 主干正面线条两个直角明显, 非常刺眼。作者将其向左倾斜约15°角定植, 使树的重心越出盆面, 并且将该树整体左旋, 将观赏面定在原来观赏面的右侧面, 这样一来, 完全破解了树桩主干原来僵硬的直角线条, 使线条流畅而变化生动。又因枝条的长粗, 加强了主干上部的厚重度, 也由此分解了下半部过于粗大的主干, 使整体观感上显得较为协调(图2)。

在整个养护、整形的过程中, 作者将该树的第一出枝逐渐下撇, 使之紧贴主干, 然后折出, 使出枝点位下移, 这样既解决了腋窝枝之弊, 同时也在观感上增加了主干中部的粗度。第二次整枝时的树枝显得更粗, 作者在这次整枝时, 将树枝整理得井然有序, 骨架结构清晰可见。

Making Penjing is like educating people. In the beginning, rules must be set, and students are taught in accordance with their aptitude.

图 3

做树好比育人，开始打基础时必须施以规矩方圆，且因材施教，在此基础上放归自由，突破规矩，方能自由而不失法度，过于严整规矩则会谨微毛而失大貌，显得死板而没有个性；太放任自由则又杂乱无章，放浪不羁，所以说规矩也是做树的一个过程（图3）。

经过翻盆和数年的养护，该作品已初步显现出古松的模样，树枝的经营位置已逐步定格，但枝片仍在整形的过程当中，尚显规矩之状（图4）。

至2011年，该作品已束缚尽解，分枝错落自由而自然，整体树势大气磊落，于当年参加"中国盆景久发杯精品展"，受到广大盆景工作者和评委们的一致好评，荣获本次展览会金奖（图5）。

"观沧海"主干老壮而稳健，皮如寿龟，形如屈铁，布枝左放右收，收放自如，变化丰富，虚实有度，树枝的整体架构如汉隶魏碑，线条浑厚老辣，严谨而尽情纵肆。左面的主枝跌宕而舒展，线条起伏流畅，至树冠中部的树枝做收紧处理，这样既使树冠的线条产生变化，又使整体树形显得轻盈而虚空，右边的树枝根据整体布势的需要做紧缩处理，树冠圆满而丰厚，以此增强作品的厚重感，又不影响作品的整体势态。

作品形态奇古，意境清越，透出古松坚贞的品性和从容不迫的气度，且势若倚壁凌空，俯瞰云海，任凭花开花落，沧海桑田，始终"经霜不坠地，岁寒无异心"，年复一年，观风起云涌，奏雄浑松涛，吸天地精华，修千年之身。

There are mainly three ways of obtaining the materials of the pine Penjing. The first species is one that is rooted in the mountain cliff top and extends among the rock crevices, such as the Tianmu pine which can grow as tall as possible. With the winding posture, Tianmu pine has sturdy branches. Though small in size, they are aged with the abundant changing inside. The second species is the pine growing on the low hills. As it has been cut by the woodmen since young, its stump is stocky and zigzag, represented by the China red pine, the red pine and the black pine are the examples. The third species is the material cultivated by people. The Penjing materials are particularly cultivated through seedling or grafted breeding. Like the black pine and five-leaved pine, etc.

The material of the Penjing work "Gazing out across the Ocean" is the red pine from the distant mountains, vicissitudinous and profound, which must have undergone several generations of woodcutters' countless felling. As a poem puts, the woodcutter doesn't know how old the tree is while the tree doesn't know how many times the woodcutter has grown old. Due to the repeated felling, the lower half of the trunk is covered with bumps, which adds the vicissitudes of life to the tree. The upper half must have grown up later, not as old as the lower half, which looks thin and slightly tender.

As the material of the pine Penjing, its shortcoming is that the tail of its trunk changes too sudden and becomes too thin. Normally in nature, most old pines' trunks have few changes on the thickness from the top to the down so that they seem to be strong and faithful and show the fearless courage like gentlemen. Further more, the two right-angle turns of the trunk are the big taboo of the turning of lines. The first branch is right in the inward curve of one right-angle whose position is also the big taboo in Penjing making. However, the lower half of the trunk seems very old and strong and the various deep veins on it are the advantages of this pine stump. In order to make a good Penjing work out of this stump, the rule of making best use of the advantages and bypass the disadvantages is needed. For this pine stump, the producer should ingeniously use the merits of the lower half and to solve every major disadvantage of this pine stump. (Figure 1)

For a hundred-year old stump like this one, it is difficult to cultivate the thin upper half of this stump trunk to the ideal thickness in the short term and meanwhile to keep the old patterns of the stump. The current way to solve the problem is that the maker rejuvenates the growth of the stump and cultivates the branches to a certain thickness to increase the weight of the upper half trunk so as to break down the thick lower half trunk and achieve the visual balance of the transition of the thickness and thinness. With luxuriant foliage, the trunk will slowly become thicker as time goes by.

After several years of the meticulous care, the branches gradually became thick and strong. The maker began to prune for the first time. The maker had adjusted the positions of the branches for several times during the previous maintenance. Originally, this pine was center balanced; the two right angles in the front were very dazzling. The maker tilted the angle of the pine about 15 degrees to the left, making the center of the tree out of the pot. Then the maker rotated the whole tree to the left, and changed the watch angle to the right side of the original one. So that the original rigid rectangular lines of the trunk were totally broken down to make the lines of this pine become smooth and vivid. Because the branches had grown strong, this increased the thickness of the upper half trunk, so the strong lower half trunk was broken down, making the overall tree appears to be more harmonious. (Figure 2)

During the whole process of pruning and maintenance, the maker gradually made the first branch grow downwards so as to keep abreast of the trunk, and then fold out the branch to let the branch point downwards, by doing this not only solved the disadvantages of axillary branches, but also made the central trunk more visually powerful. The branches were in good order and became stronger, and the structure of the tree was clearly visible in the second branches pruning.

Making Penjing is like educating people. In the beginning, rules must be set, and students are taught in accordance with their aptitude. Later on, based on this way, the rules must be broken, and the free and bold imagination is the final pursuit. Over emphasis of the rules makes the tree boring without characters; however, ignorance of the rules makes the tree out of order. So the rules are also key points of making Penjing. (Figure 3)

After the replacement of flowerpot and years of maintenance, this Penjing work preliminary shows the appearance of the old pine. The main parts of branches have been fixed, but the sticks are still in the process of pruning, waiting to be perfect. (Figure 4)

Till 2011, this Penjing work had been released from restraints and bonds and its branches had grown to be scattered, and natural. The tree is full of verve. In that year, this Penjing work participated in "China Penjing Jiufa Cup Exhibition" and was highly praised by the vast number of Penjing producers and judges, and won the gold medal in that exhibition. (Figure 5)

The trunk of "Gazing out across the Ocean" is dignified and modest. Its skin is like longevity turtle, and its shape is like a bent iron. The branches grow naturally with the combination of truth and falseness and with left branches folding and right branches unfolding. The frame lines of the branch are like the typeface of Hanli and Weibei, deep in thought and flyaway in shape. The left branches stretch smoothly, and the branches in central part of the crown are tighten up. By this way, the branch lines are not only vivid but also the whole tree appears to be lightsome. The branches in right part are also tightening up according to the overall situation. The ample and the majestic feelings spread from the crown of the tree not only make this Penjing work more profound and heavy but also make the whole work's overall figure perfect.

The special ancient elegant styles and the refined meanings that the work shows reflect the old pine's fearless character and the courage to confront all the difficulties. The state of the tree is like an old sage standing on the cliff and overlooking the sea of clouds. With the flowers blooming and withering, however, the tree has always been full of vitality. Year after year, absorbing the essence of heaven and earth, the tree endlessly fights for living to the end of the day.

Year after year, absorbing the essence of heaven and earth, the tree endlessly fights for living to the end of the day.

图 4

会员作品天地

朴树 高 50cm 曹志新藏品

雀舌罗汉松 高 92cm 陈冠军藏品

石榴 徐学明藏品

树石 高 60cm 向汉文藏品

蚊母 高 80cm 王昊藏品

雀梅 高 48cm 陈可仁藏品

黄杨 刘应有藏品

金弹子 高 70cm
南京金陵盆景赏石博览园藏品

Chinese Penjing Artists
Association Membership Collection World

榆树 高 45cm 朱永康藏品

赤松 高 55cm 韩吉余藏品

雀梅 南京金陵盆景赏石博览园藏品

朱永康藏品

羽毛枫 高 60cm 钱小玉藏品

雀梅 高 38cm 徐满堂藏品

真柏 高 85cm 南京金陵盆景赏石博览园藏品

老鸦柿 高 77cm 朱永康藏品

榆树 高 118cm 徐祖勉藏品

朴树 高 90cm 肖绍平藏品

朴树 高 80cm 黄强藏品

朴树 高 90cm 谭大明藏品

博兰 高 80cm 刘学武藏品

蚊母 80cm 王昊藏品

朴树 高 90cm 谭大明藏品

榆树 90cm 朱达友藏品

丛林朴树 高 105cm 黄瑞兴藏品　　**山水盆景 毛竹藏品**

黄杨 高 120cm 李伟藏品　　**金弹子 王发全藏品**　　**刺柏 高 110cm 吕昊藏品**

柏 高 120cm 香港雅石学会藏品　　**九里香 高 100cm 香港雅石学会藏品**　　**柏（水旱景）高 120cm 趣怡园藏品**

五针松 飘长 60cm 宋仁勇藏品

五针松 高 66cm 柳伟藏品

真柏 高 46cm 宋仁勇藏品

五针松 高 58cm 刘劲松藏品

地柏 高 52cm 宋仁勇藏品

地柏 高 50cm 柳伟藏品

金弹子 王发全藏品

金弹子 王发全藏品

贴梗海棠 周树成藏品

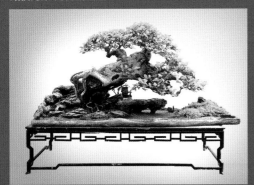

榕树 朱本南藏品

雀梅 高 80cm 仇伯洪藏品

砂积石 周树成藏品

贴梗海棠 鄢久长藏品

三角梅 120cm 香港雅石学会藏品

小叶罗汉松 秦德燃藏品

三角梅 80cm 招伟雄藏品

中英文版
Chinese and English
Version

Edge City

边城之园

设计 Eckersley Garden Architecture 文 韩佳纹 编辑 LiLi
Design Eckersley Garden Architecture Writing Han Jiawen Editor LiLi

在城市的边缘上，并不一定会有乡土的温情，拥有一份娴静的温情的小地方才能称得上是边城。这个庭院就在静谧柔软的边城之中，住宅本身并不显眼，与之相依的庭院则显得宽敞有余，充满了女性的敏感与神秘。

图 1 住宅本身并不显眼，与之相依的庭院则显得宽敞有余，充满了女性的敏感与神秘。
Figure 1 The residence itself is not conspicuous, while the courtyard depending on it seems to be capacious, full of feminine sensitiveness and mysteriousness.

The warmth of native soil does not always exist on the edge of a city. A small place with gentle and quiet warmth could be called edge city. This courtyard lies in the tranquil and soft edge city. The residence itself is not conspicuous, while the courtyard depending on it seems to be capacious, full of feminine sensitiveness and mysteriousness.

图 2 深深浅浅的绿色与红色黄色的叶片为庭院带来些许的艺术气息。
Figure 2 Attractive colors spattered at will, green, red and yellow leaves in shades bring the courtyard some artistry.

　　整座庭院像是一块调色板，所有的拼贴整合与设计都是为了让叶片能更好发挥自身的魅力。诱人的颜色随意喷溅，深深浅浅的绿色与红色黄色的叶片为庭院带来些许的艺术气息。虽然一些不和谐的水槽水管不得不点缀其中，但在这样郁郁葱葱的花园中，大部分植物都具有很强的耐寒性，即便在冬天，依然可以感受绿色给内心带来的安宁。

　　柔软的景观中包含了随着季节变化的叶子、有型的草坪、流线形的小路，一个美丽的庭院常常在设计之后需要三四年的自身发展才能达到完美。现在的静园，春天夏天自然不必多说，秋天的这里仍然有充满活力的叶帘，冬天庭院中部分植物落叶后，交织在一起的藤条更像是网络时代的标识，与其他绿叶相互映衬。

> 只要这是一片绿洲，那么无论绿洲的大小，
> 都可以通过设计达到最佳的效果。

图 3 住宅入口处使用了常春藤，这是一个天然"制冷"的锦囊妙计。
Figure 3 The ivy is placed on the entrance of residence, which is a natural good plan for "refrigeration".

The whole courtyard is like a pallet. All collage integration and design is created to make leaves could better play charm. Attractive colors spattered at will, green, red and yellow leaves in shades bring the courtyard some artistry. Although the verdant garden is dotted with some disharmonious water channels and water pipes, most plants have a strong cold resistance that the tranquility green brings to the inner heart could still be felt even in winter.

Soft landscapes include leaves changing as season changes, lawns of a great shape and paths of stream line form. A beautiful courtyard will reach a state of perfection through three or four years' of self-development after design. At present, the vital state of Jing Yuan in spring and summer does not have to be mentioned much. Lifeful leaf curtain could also be discovered. In winter, the rattan interwoven by some fallen leaves mutually setting off with other green leaves is more like the identification of network era.

图 4 清澈见底的游泳池，是夏季凉爽的休闲益处。
Figure 4 The crystal clear swimming pool is a good place for coolness and leisure in summer.

Whether it is big or small, it could reach maximum impact through design as long as it is an oasis.

图 5 游泳池的转角在阳光下又增添了几分诱惑。
Figure 5 More temptation has been added to the corner of the swimming pool in the sun.

图 6 游泳池被绿色半包围着，洋溢着生机，吐露着清香的味道。
Figure 6 Half surrounded by green, the swimming pool is permeated with vitality and reveals taste of faint scent.

图 7 茂密的藤蔓遮住了一层的房间，阁楼仿佛成了空中花园。
Figure 7 Dense cirrus shut out a floor of rooms, making the attic seem to be a hanging garden.

图 8 面朝花海的休憩，浮躁的心情一下子就释然了。
Figure 8 Taking a rest facing the flower sea relieves blundering mood at one blow.

图 9 舒适的藤椅之中，以几页书来享受舒适的阳光岂不是一件幸福的事
Figure 9 Isn 't it happy to sit on a comfortable cane chair to enjoy the easeful sunshine with a few pages of the book?

　　只要这是一片绿洲，那么无论绿洲的大小，都可以通过设计达到最佳的效果。设计师认为关键是要限定使用植物的种类，切忌过多过杂，重复的使用和妥贴的配置可以达到最佳效果。住宅入口处使用了常春藤，这是一个天然"制冷"的锦囊妙计。波士顿常青藤最高可以攀爬 18m，秋天的时候叶片会变成红色，直至落叶。在夏天最炎热的几个月中，攀爬的常春藤提供了一个凉爽的入口空间，令人难以想象地降低了局部空间的温度，凉爽的空气还可以穿越入口进入室内，带来清凉。

　　在这里，你可以踩着碎步，采摘新鲜的蔬菜或者只是蹲下身来，静静地观察每一盆植物不同的长势。庭院划分为许多不同的区域，你的喜悦、悲伤、焦虑、神伤都能在这一片园地中找到各自安家的场所。游泳池、蹦床、草本植物园、蔬菜花园、鸡舍、BBQ 与正餐的区域，还有晒太阳和纳凉的休闲空间。当生活进入了焦灼，引人入胜的庭院小路还可以把你带到舒适的藤椅之中，以几页书来享受舒适的阳光，时间就会从草香中穿梭而过，给你带来新的感受。实用性的庭院空间更加增强了工作之外的社交乐趣，坐在木质平台的两把椅子上，更可以与朋友从文艺复兴一直谈到工艺美术运动。

Whether it is big or small, it could reach maximum impact through design as long as it is an oasis. Designers think it is the most critical to limit the use of plant species and avoid too many and too miscellaneous plants. Repeated use and proper allocation could obtain maximum impact. The ivy is placed on the entrance of residence, which is a natural good plan for "refrigeration". Boston ivy could climb for 18m at most. Its leaves will turn red in autumn until falling. In the hottest months in summer, climbing ivy provides a cool entrance space and unimaginably lowers partial spatial temperature. Cool air could get inside through entrance and bring coolness.

图 10 树篱本身被涂上了实用性的深棕色，形成另一番隔离的、有机的小世界。
Figure 10 The quickset hedge itself is painted with practical nigger brown, forming another isolated and organic small world.

图 11 树篱内外是迥然不同的景致，别有一番风味。
Figure 11 Inside and outside the quickset hedge is widely different scenery, presenting a special flavor.

You could step on quick short steps to pick fresh vegetables or just squat down to silently observe how different every plant is growing. The courtyard is divided into a lot of different areas which could become the relocation places of your joyfulness, sadness, anxiety and dispiriting, swimming pool, trampoline, herb garden, vegetable garden, pheasantry, BBQ, dinner area and the leisure space for basking in the sunshine and enjoying the cool, just to name a few. When you are deeply worried about the life, fascinating paths could lead you to the comfortable cane chair to enjoy the easeful sunshine with a few pages of the book, which makes time travel through grass aroma unconsciously and bring your new experience. Practical courtyard space strengthens social fun outside of work even more. Sitting on two wood chairs enables you to chat with friends from renaissance to arts and crafts movement.

图 12 蔬菜本身成了庭院的新焦点。
Figure 12 Vegetables themselves become the new focus of the courtyard.

You only need to quietly feel a kind of native soil warmth on the edge of a city here for the nature is always so simple and pure.

图 13 一条小径曲曲转转通向幽处，禅房里似乎已然飘出了一股清幽。
Figure 13 A winding alley leads to the quiet and deep place. It seems that a stream of quietness and beauty has been emerged from the Buddhist temple.

树篱上露出点点嫩绿的叶片，而树篱本身被涂上了实用性的深棕色，以此限定了蔬菜园的空间范围——另一番隔离的、有机的小世界。蔬菜本身成了庭院的新焦点，这不仅是庭院设计上的新趋势，也是更加能够解决当今人们"静态"生活的有效方式。播种时候的期许，收获时刻的喜悦，给素食主义者带来了更加纯净的食物供应，比一张工作报表来得更加有成就感。

在这里，你只需要静静的，感受一种在城市之边的乡土温情。因为自然的，总是那么简单和纯正。

本栏目版权提供:《缤纷 Space》
Column copyright provider: *Binfen Space*

图 14 五彩缤纷的世界中，一抹白色的小盆栽最是沁人心脾。
Figure 14 In the colorful world, a small white pot is the most refreshing.

Bits and pieces of light green leaves showed from the quickset hedge which itself is painted with practical nigger brown limits the special scale of the vegetable garden---another isolated and organic small world. Vegetables themselves become the new focus of the courtyard, which is not only the new trend of courtyard design, but also an effective way to solve current "static" life even more. The expectation of seeding and delightfulness of harvest bring vegetarians purer food supply, which contains more sense of accomplishment than what a report brings.

You only need to quietly feel a kind of native soil warmth on the edge of a city here for the nature is always so simple and pure.

图 15 与朋友或伴侣在庭前闲看花开花落，漫随天外云卷云舒。
Figure 15 Idly look, before the court with friends or partners blossom, letting outer clouds gather and disperse.

浅议电脑技术在盆景造型过程中的利用

The Utilization of Computer Technology in the Penjing Modeling Process

文：蔡加强 Author：Cai Jiaqiang

我业余创作盆景二十年，经常因误剪而后悔。利用电脑模拟修剪，可以减少失误，做到事半功倍。现就"远客来迎"一盆的修剪、换盆说明电脑技术的应用。

图1　2000年山采的雀梅经12年栽培养护，2012年9月8日拍照的树相，"迎客松"式意境已现，但过于对称，缺乏灵动。

图2　9月13日，利用Photoshop软件，把图1的左下两枝删除，删除后已无四平八稳的感觉，也有了动感。

图3　9月15日按图2的方案，剪除左下两枝，并删除部分过密小枝，此时，盆显得太过厚重，树有点向右倾的感觉。

图4　按图3的拍照角度所照的一个更浅的紫砂盆。

图5　利用电脑Photoshop软件，把图3的树与图4的盆结合，并把树向左倾7°后的图像，此时树显得高大、挺拔、灵动，让人耳目一新。

图1 2000年山采的雀梅经12年栽培养护，2012年9月8日拍照的树相，"迎客松"式意境已现，但过于对称，缺乏灵动。

图2 9月13日，利用Photoshop软件，把图1的左下两枝删除，删除后已无四平八稳的感觉，也有了动感。

图3 9月15日按图2的方案，剪除左下两枝，并删除部分过密小枝，此时，盆显得太过厚重，树有点向右倾的感觉。

图 4 按图 3 的拍照角度所照的一个更浅的紫砂盆。

图6 9月22日按图5的方案换盆，并把树向左倾 7°。这样，便有如黄山上的迎客松，给人一种礼仪可恭，亲热迎接的意境，并命名为"远客来迎"。

反思，图4与图3拍照角度虽一致，但图4的拍照距离比图3近，这样盆显得比实际大了不少，与实际换盆后的效果有差距，今后拍照角度、距离都要完全一致，这样电脑合成后与实际就较接近。

图 5 利用电脑 Photoshop 软件，把图 3 的树与图 4 的盆结合，并把树向左倾 7°后的图像，此时树显得高大、挺拔、灵动，让人耳目一新。

图 6 9月22日按图 5 的方案换盆，并把树向左倾 7°。这样，便有如黄山上的迎客松，给人一种礼仪可恭，亲热迎接的意境，并命名为"远客来迎"。

图1

谈谈 "英风" 的构思、创意
On Design and Innovation for Yingfeng

文: 曾宪烨 Author: Zeng Xianye

盆景起源于中国,是中国几千年文化艺术的结晶。中国盆景,着重于意境的表现。一件好的作品,能引起观赏者无穷的联想,从中得到感悟,思想境界得到进一步的升华。

现就邓旋先生的大型山橘桩,谈下笔者个人的构思、创意。图1是邓旋先生地培三年的山橘桩。桩高120cm,头径25cm,左干8cm,中高干10cm,与右干重叠后合共15cm。主干柔软,曲度好收尖好。左干斜立,左冲势好。右干与主干重叠,感观上增粗主干,三干合为一整体大树相。根平浅,四面板根,右双拖根裸露稳定全桩。桩身健康有坑有稔,古朴苍劲。桩值壮龄,英风扑面,是一十分难得的上好桩材。

现桩相给人的感觉: 截桩到位、定托准确。但造型意向不明确,创作主题不清。缺点是少原托伴嫁,截口较大,成型时间长(见图2、图3)。根据以上对桩材的分析,考虑桩材的个性、特点,拟 "英风" 为主题进行创作构思。

图2

前些时读宋——辛弃疾《南乡子·登京口北固亭有怀》："何处望神州？满眼风光北固楼。千古兴亡多少事？悠悠。不尽长江滚滚流。年少万兜鍪，坐断东南战未休。天下英雄谁敌手？曹刘。生子当如孙仲谋。"《孙权传》中陈寿赞孙权"有句贱之奇，英人之杰矣。"虽功业建树不如操，然任才尚计，用人不疑，表现了卓越的政治天赋。"有出众的治国方略，善于守业"。孙权的英才、英风、英贤由此可见一斑。据此进行造型设计，设计效果见图4。

造型分析如图5：取等边三角形构图，A、B两重点枝构成等边三角形的底边，右拖根稳定树势，整体大效果端庄、正气、稳重，英姿勃发。重点枝A落点桩高黄金位上，左争势与右拖根势形成强烈的抗争对比状，既险又稳。配用长方形浅盆开阔空间视野，桩植盆黄金位，重心落在盆内，稳中求稳。枝走方位：A正左，B右前，C左后，D右后，F正前，G正后。整体配枝四歧，空间感强。预计成型桩高145cm左右，左右展幅在150cm之间。培育得法，15到20年可达到设计的要求。作品原是三干桩，但依桩材特点，最后给人的感觉是三干合一，"三国归吴"很好地表达了当初的构思、主题。最后用国画的形式尽可能地将作品的主题、意境表达出来（见图6）。

盆景是一门综合艺术，"工夫在盆外"。诗、书、画、剪四位一体是我最终的追求。

图3

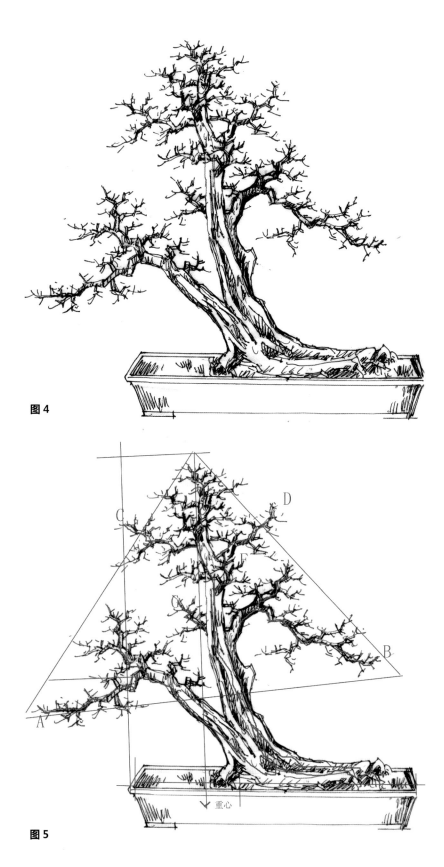

图 4

图 5

▽ 重心

Originated from China, Penjing is the quintessence of the culture and art of China which have lasted for thousands of years. Chinese Penjings are focused on representation of the artistic conceptions. A good work of Penjing can provoke infinite imaginations of the viewers, allowing them to reflect or be exalted.

I'd like to tell something about the design and innovation of mine to restructure the large Stump of Hongkong Kumquat grown by Mr. Deng Xuan .

Figure 1 is the stump which has grown by Mr. Deng Xuan on the ground for 3 years. It is 120cm high, with the diameters of its

top 25 cm, its left branch 8 cm, middle branch 10 cm and the right branch overlapping the middle 15 cm totally. The trunk is soft, bending beautifully with good convergence on the top. The left branch extends obliquely, stretching leftwards beautifully. The right branch overlaps the trunk, as if the trunk becomes thicker. The three branches combine to allow the bush to look like a big tree. The roots are horizontal and shallow, but the bush has buttressed roots around, with two right roots lying visible on the ground, which support the whole bush. The surfaces of the branches look healthful, covered with holes and fruits, as if it was an old and hardy tree. The bush is in its heyday, looks very much like a hero, therefore it is quite a good material for Penjing which is hard to be found.

The look of the existing stump impressed people as a properly cut plant with an accurate remains for support. Unfortunately, it is designed with ambiguous objective and unclear theme. In addition to the shortcomings, it has less original supports for secondary branches , the areas of the cuts are bigger and it will take long for the stump to grow into a desired Penjing. In consideration of the above features, with the characteristics of the stump taken into account, I intended it for a Penjing looking like a historical hero.

Recently, I have read a poem titled Nanxiangzi, A Plaint When I Was on the Beigu Tower of Jingkou, written by Xin Qiji, a poet of Song Dynasty, which says, "Where can I behold Cathay? All in my eyes is the view seen from Beigu Tower.How many events of dynastic rise and fall happened since ancient time? So, so, like the Yangtze River flowing endlessly in torrents. Commanding myriads of soldiers when still young, He reigned in the southeast, engaged in continual war. Who's his rival among all the heroes under Heaven? Cao, Liu. The son, if any born, should be like Sun Zhongmou!" In Biography of Sun Quan, Chen Shou praises Sun Quan, saying, "He is as marvelous as Gou Jian and as outstanding as Ying Ren". Although he was not as successful as Cao Cao, he trusted competent persons and respected their resources, showing great talents in managing a country. It is said that he has remarkable talent in managing and maintaining his country. Therefore, he was a hero. I intend the stump for a hero like him, which is shown in the following draft.

The Penjing is created as shown in Figure 5: the Penjing is shaped approximately into a equilateral triangle, with branches A and B, the major branches, as a side, and the lying root on the right keep the whole tree balance, and generally the tree looks dignified, stable, balance, with a heroic spirit. The major branch A is located in the golden position of the stump. The branch extending leftwards and the root on the right counterbalance conspicuously each other, which allow the tree to look precarious but stable. The view is broadened with the rectangular flowerpot used and the tree is planted in the golden position of the pot, to allow the gravity center of the tree falling inside the pot and make the plant more stable. The branches extends to the four angles of a square: with branches A on the due left, B front right, C back left, D back right F due front and G due back, with totally four branches accompanying, giving strong three-dimensional effect. It is expected that the mature tree will be 145cm high and 150 cm wide from left end to the right end. If properly grown, a desired tree can be expected within 15-20 years. Although the original work has three branches, it seems that the three branches merge into one, which accurately expresses the design and the theme that the three kingdoms finally merged into Kingdom Wu. Finally, the theme and the artistic conception in the product are as much as possible shown by using a Chinese painting (see Figure 6)

Penjing is a kind of art calling for different skills and cultivation and a good work requires not only gardening abilities. Poetry, calligraphy, painting and horticulture are what I perpetually follow.

国画:《英风》

盆景素材的培育（四）
——《盆景总论》（连载六）
Penjing Materials Nurture
——Pandect of Penjing Serial VI

培育好的盆景素材，首先要掌握什么是好的盆景素材。
也就是说，必须要掌握盆景的美、构成要素、植物的生长
原理等要素，方可培育出好的盆景素材。

文：【韩国】金世元 Author: [Korea] Kim Saewon

4. 盆栽素材的培育

盆栽素材的培育法分以下几种：在开垦地等野外采取的山采法、有性繁殖法（sexual propagation）、无性繁殖法（asexual 或者 vegetative propagation）有性繁殖法包括实生法，无性繁殖法包括插木法、取木法、嫁接法、分株法等。

[1] 山采（collecting from the wild）

由于受到自然保护法的限制，目前无法在自然界任意进行山采；但，在开垦地、树种更新地区等特殊地区则可以进行山采。

可作为盆栽素材的树木是没有景观价值和达不到造林目的的树木。也就是说，盆栽素材的山采木通常选取因生长环境恶劣、病虫害严重导致即将枯死的树木。

利用这些即将枯死的树木，将其培育成有观赏价值的盆栽，是一种较为积极的自然保护措施，为那些面临消失的自然财产重新赋予生命。但，目前受行政管理以及山采木培育技术方面的限制，没有完全开放对自然界的山采，因此很难采集到自然生长的盆栽素材。

适合山采的环境要符合以下几个标准：没有大的树木、大多为较矮的树木、阳光要充足。只有在这种环境下才能采集到自然生长的盆栽素材。

采集到理想的盆栽素材是可遇不可求的事情；只要具备良好的骨架，就有必要花费大量的时间去培育和采集。

去山采之前，要准备铁锹、锯子、修剪剪刀等工具和用水打湿的报纸、塑料薄膜、绳子等道具。

图1 以山采为目的培育的主木

选择好要山采的树木后，先清除根部的杂草；然后，挖开根部附近的土壤，仔细观察根部的伸展情况、根部和枝干之间的部位、树干和树枝的排列情况；最后，根据观察结果再构思要塑造的树形。如果对该树木不是很满意或者构思不出理想的树形，重新填埋挖开的土壤，使其恢复原来的状态。如果构思到要塑造的树形，先清除不必要的树枝；然后，继续挖开根部周边的土壤，直至露出的根部长度达到树干直径的 4～5 倍。如果碰到较粗的根茎，不要用铁锹切断，必须用剪刀或者锯子剪断。土壤的挖取深度相当于根蔸的宽度，一旦挖到适当的深度，再从侧面挖开根蔸的底部。如果根蔸的土壤脱落，将脱落的土壤重新放在根蔸上；接着，适当缩小根蔸的体积，并且用剪刀剪掉突出的根茎。如果根蔸过大，容易出现根蔸破碎的现象；因此，有必要将根部不必要的土壤抖掉，直到根茎密集的部位出现为止。

在地上铺开塑料薄膜，上面再铺上弄湿的报纸；然后，将根蔸放在报纸上将其包好，再用绳子扎牢。

枝干较粗的树木由于数量较大，不能马上采集；首先，挖开根部周边的土壤，将根茎剪断后，再将挖开的土壤填埋好；然后，在下一年重新挖开根部周边的土壤，再次剪断根茎后，将挖开的土壤重新填埋好；到了第三年再采集该树木，就能得到状态最佳的盆栽素材。

山采过来的树木应尽快解开包装，再用锋利的刀对根茎进行切割、修整；根茎的切割面必须一致向下。

将修剪好的素材移植到按一定比例混合易碎石或者石子的土壤中，确保良好的排水条件；另外，还可以用木箱培育盆栽素材。

移植好素材后，要充分灌水；素材的叶子要避光避风约两个星期。相反，素材的根部则要充分照射阳光，有助于根茎的成长；表土的 50% 出现干燥，就要重新灌水。

另外，素材的叶子则要每日喷水 5～6 次。

如果 3～4 周后生长出新梢，就说明素材已经固着在土壤中。这时，要拿掉盖在叶子上的遮阳物；然后，将 Nalgen 或者 Hyponex 的 1000 倍稀释液喷在素材的叶子上。

等新梢长出来后，就要将上述稀释液的浓度提高到 20 倍；7～8 月份酷暑期，应中断施肥，只需按照每月 2 次的频率喷洒上述稀释液即可。在冬季，将盆栽素材移到室内（温棚等）进行妥善管理；待来年春季长出新梢后，再恢复施肥。这时，如果新树枝长得过长，可利用除梢、除枝等技法掌控树形的发展。

约 3 年之后，将素材移植到栽培盆内；这时，再对素材进行整形作业。

由于山采木属于老木，首先要培养其树势，如果移植过早，很难控制树形的长势；因此，培育盆栽素材时，必须要有耐心，仔细进行管理。

[2] 实生 – 种子繁殖
（Seed propagation）
通过种子繁殖植物的方法；在盆栽领域，通过种子繁殖培育新的素材或者培育嫁接繁殖用的砧木。

优点
① 可一次性培育大量的苗木。
② 树龄达 2～3 年的苗木，可作为群植或者盆景素材。
③ 随着时间的推移，树体也会越来越高，可作为正统盆栽的素材。
④ 种子的运输较为方便，种植技术也较为简单。

缺点
① 培育年份较长。
② 树形虽好，但缺乏老巨木固有的风韵或者魄力。
③ 个体的变化较大，需要优胜劣汰。

图 2 实生苗的培育

黄连木
培养成型及伤口处理
——《盆栽道途》（连载三）

Chinese pistachio cultivated formation and wound treatment
—Bonsai Journery (Serial 3)

文：罗民轩
Author: Lo Minhsuan

黄连木幼苗培养至成型

1998
经过多年的研究，对黄连木有充分了解，因此开始从幼苗培养。

25 棵幼苗
希望每一件的造型都不一样！多元造型充满乐趣与挑战。

2002/02/15
以空心砖围成的幼苗培养法，4 年的成果。

刚从地上挖出，种于培养盆。

2004/04/10
新芽已茂盛

2004/04/12
上盆后第一次整姿

2006/08/17
略具雏型

2007/02/20
准备移至成品盆

2008/10/31
缤纷的新叶，秋天剔叶再长新叶，可帮助顺利过冬。

2008/06/20

2009 冬 86cm 冬天缤纷的黄叶

黄连木的伤口处理

大多数杂木以圆干无伤为上品，不管是实生或是山采皆应以此为标准。
完善的伤口处理可提升树的品质及长远的保存性。

伤口未愈合可能产生的缺点：

1. 伤口易遭水入侵，木质部长期浸泡水中容易腐烂，日积月累造成树干中空。
2. 伤口容易聚集蚂蚁，蚂蚁啃噬木质部破坏树干，蚂蚁更是散布虫害的最佳媒介。
3. 腐烂伤口为细菌滋生温床。
4. 未处理美化的伤口，通常是破坏美感的元凶。

已腐烂伤口的改善方法：

腐烂木质部全部清除，伤口
填满

2008/06/23 木质部已腐烂的伤口

AB 塑钢土当伤口填充介质：介
质须低于形成层，中间可微凸。

2008/06/23

切开伤口外缘形成层，并涂上伤口愈合剂。

2010/03/05

才一年九个月，表皮快速生长，伤口约只剩 1/2。完全
愈合指日可待。

树瘤的生成：

优美的树瘤可增加年代感，而树瘤生成的主要原因在于残枝被树皮覆盖所造成。

2009/06/06

主干上的牺牲枝，锯断牺牲枝。

留一段小树干（预留长度以
不超过小树干直径最佳）

将伤口削平

涂上伤口愈合剂

2010/08/11

伤口逐渐愈合，而周边长满小枝。

剪掉小枝

不断重复前述动作，不消几年即可产生如图
般树瘤。

浅谈苹果属海棠盆景的制作与养护

Discussion on the Process and Conservation of Malus Crabapple

近几年，苹果属海棠以其优秀品种众多，花繁果丰，色泽艳丽，果大小与树比例适中，越来越深受花果盆景爱好者推崇。

文：于文华　Author: Yu Wenhua

几年来笔者试制了十几种苹果属海棠盆景，在成功与失败中总结了一点体会，愿述之与同仁切磋，以求共勉。

一、择优嫁接获佳品

苹果属海棠虽然品种众多，但优略不等，并不都是制作盆景的好素材，如垂丝海棠，它花很美，但果不佳，毕竟观花期有限；再如，美国道格海棠，它果很美，但成熟早且落果，最佳观赏期极短。所以，要想得到花果二者都比较理想的苹果属海棠盆景，就必须有选择地进行培育。如：叶红、花红，且落花果就红的'红丽'、'光彩'、'舞美'等海棠。再如：挂果时间长，甚至冬天不落果的'冬红果'、'九州'、'玫瑰秋'、'茶花'等海棠，都是制作盆景的优秀品种。但由于苹果属海棠很难扦插成活，组织培养一般又不具备条件，要想得到理想品种，最好最快的方法就是嫁接。嫁接砧木，一是山荆子，二是野海棠或苹果籽自育苗，也可用苹果桩。

嫁接方法，可切接、劈接、芽接。为了嫁接亲和力强，成活后接点不出现疙瘩，嫁接时要有选择，一般干枝颜色相同者亲和力就强。如要嫁接'红丽'、'舞美'、'光彩'等紫红色枝的海棠，就选择砧木苗干枝也呈紫红色的；要嫁接'九州'、'艺女'等青绿色枝干的，砧木也要青绿色枝干的。通过有选择的嫁接，就可以得到花好果也好的理想作品。

二、科学修剪促完美

嫁接培育基本成型后，就可上盆进行正常的养护与欣赏，为了使其更加完美，更具欣赏价值，科学修剪是个关键。所谓科学修剪，就是修剪要把握5个环节：一是剪弱节能。即剪去弱而瘦长的枝条，节约能量消耗，因为弱枝难形成

图1 "朝辉"
树种：光彩海棠 树高：62cm

图2 "含笑伴君"
树种：玫瑰秋 树高：82cm

花芽，就是形成也难得好果；二是剪病防扩。即及时剪去病虫枝，以防止传染扩散，造成病树而死去；三是剪旺控型。就是及时剪去旺长枝，以控制疯长变形失去欣赏价值；四是剪密增光。就是剪去过密枝叶，以保障多数果受光，使果色艳丽，提高观赏品位；五是剪忌促精。

就是要适时剪去忌枝如平行枝交叉枝、腋枝等，以确保作品成为精美之作。

三、适时倒盆换根，大胆疏花疏果，确保年年花繁果丰

苹果属海棠一个最大特点就是花繁，而且坐果率高，如果养护较好，基

本上叶芽都能形成花芽，而每个花芽有5-7朵花，这些花几乎都能座果。所以，最好一年倒一次盆，修掉部分过老、吸收能力差的根与病根，促使新根生成，提高整树的吸收营养能力。同时去掉部分老土，增添部分新的营养土。倒盆时间要比其它盆景早些，最好在

图 3 "舞动情怀"
树种：舞美海棠 树高：84cm

图 4 "情系九州"
树种：九州苹果 树高：86cm

冬末，若倒盆偏晚，会影响当年的开花坐果。

由于苹果属海棠花繁，坐果率高，若不大胆地大量疏花疏果，就会造成营养消耗大，树生长不良，不严重时，当年形不成花芽，第二年无花果；严重时会

死树，俗称累死了。所以，花果期要大胆进行大量疏花疏果，不要舍不得，最好每束花疏掉一半。由于其花特征与梨花正好相反，它每束的周边是弱花，中部是强势。因此，首先要疏掉周边的，待花落果子坐稳后，再疏掉小果。如果一

个枝条上有好几束，要全部疏掉两三束，以利于第二年花芽形成。余者最多留两个即可。总之，不要留过多，也不要太少，一个原则：既保证较高欣赏价值，又要保证第二年的花芽形成，使其年年花繁果丰。

四、防病治虫，保健益寿

苹果属海棠是果树中寿命较短者之一，特别是苹果籽育苗嫁接的易生轮纹病、黑斑病、炭疽病、灰霉病、蚜虫、红蜘蛛、小天牛等。如果不加强病虫害防治，就会发生死枝，甚至死树。因此，每年春初，芽前要对整树喷一次600倍液的石硫合剂，进行一次综合性杀菌与杀虫。发芽后要经常观察，发现蚜虫要及时用蚜虫净等防治蚜虫的药物杀灭，夏秋两季多发生红蜘蛛与小天牛，发现后及时用杀螨药物与敌杀死杀灭。

对于轮纹病等病害，要以放为主，每一个月喷一次多菌灵或百菌清，主干或主枝上可适当加大浓度，用刷子刷涂。注重了病虫害的防治，就可保证树势健壮，生长良好，从而延长盆景的寿命。

图5 "碎棠舞肢踏春来"
树种：美洲海棠 树高：120cm

Discussion on the
Process and Conservation of
Malus Crabapple

准确掌握树木盆景施肥的
"扣"与"放"

On the Deductions and Releasing of Penjing Trees Fertilization

树木盆景在不同的生长期，对肥水的需求不尽相同；树种不同，欣赏目的的不同又要求人们在施肥时，必须加以区别对待。

文：黄建明 Author: Huang Jianming

树木盆景养护得健康与否，除光照、通风及湿度等环境因素外，准确掌握适当的肥水管理方法是非常重要的，也就是人们常说的"扣"与"放"的准确把握。树木盆景在不同的生长期，对肥水的需求不尽相同；树种不同，欣赏目的的不同又要求人们在施肥时，必须加以区别对待。这不仅要掌握好适当的施肥浓度，还要有针对性地调整氮、磷、钾的比例，从而始终掌握养护的主动性，控制其朝人们预期的方向正常健康生长，让新桩早日长出符合造型条件的、使人满意的枝托，尽早有的放矢地创作造型、早日成景；令已成型的桩景日趋枝繁叶茂，花果满枝，提升作品的艺术欣赏效果。

(1) 育桩期：新桩在栽种的头一年，应实施"扣"肥，甚至不施肥。至少是夏季之前不施肥。这是从安全角度考虑，因为新桩由于去根截枝，初期生长比较缓慢，耗氧量不大；加之其体内还富有一定的养分，盆土中也或多或少含有肥力；又因新桩刚开始萌发新根系，还没有形成足以使整个桩体强壮的供给根群，所以最好是不施肥。如肥水浓度掌握不好，稍微过浓，就有可能导致新桩刚萌发的脆嫩新生根灼伤而腐烂，新桩不能安全度夏就夭折。所以我主张正常情况下，新桩以秋后再施肥为好，比较安全。

(2) 养桩期：新桩成活一年以后，直到最后造型完成上欣赏盆的这段时期，此期应在"放"上下功夫。在不伤及根系的情况下，或视其生长势，及时适量地加强肥水管理，生长旺盛的，就应不失时机地及时供应。生长期较弱的应缓慢清淡，少频次的给以肥水，应随时观察其枝叶的生长速度，不可盲目施大肥及浓肥。关键上看其承受及吸收的能力。由于此段时期很多枝条还远没有达到制作造型所需的标准及数量，供其充足的养分，有利于枝条早日达到必要的粗度，创作才有基础，从而缩短了制作成型时间。

(3) 成型期：桩景成型后，传统的看法是进行扣肥，目的是防止叶片过大，失去比例，影响观赏效果；但我认为还是以适当地"放"、准确地"扣"为好。因为大多数桩景上观赏盆后，其叶片会慢慢地缩小，无须刻意地采取长期扣肥的方法来达到控制叶片过大的目的。

由于观赏盆栽植与地栽及养坯盆栽植不同，尤其是现在人们普遍采用浅盆，这样桩景生长的土壤环境要比前两种差得多。土壤少，养分有限，消耗量大，须根多，不仅无法伸展吸收到更多的养分，而且部分根还裸露在盆土表面，这些就无形中已经限制了它的生长速度。

这类桩景枯荣对比强烈，苍劲古老，具有特殊的欣赏品位，对这类桩景从开始养坯到制作成型，及以后保持原型的肥水护理，始终都必须非常慎重细心，因它们根系普遍的比正常桩景少一半以上，体质弱，抗性差，养坯成活也非常不易。

因此，应尽量满足其对肥水的要求，使其逐步强壮起来，增强体质。施肥的原则是既不"放"也不"扣"，做到薄肥勤施。如"放"大肥不当，浓度掌握不准，会伤及本来就不是很多的根系，导致其退化萎缩，直至枯亡。"扣"肥过紧，会阻止其仅存的皮层输水线不能进一步扩大增厚，桩景就会始终处在半死不活的病态状况下维持生长。

总之，桩景的肥水护理是"扣"还是"放"，要根据不同情况，灵活掌握，区分对待。不能千篇一律，更不能心急

施浓肥，那样比缺肥危害性更大，一旦失误，桩景就不是小病小灾，极有可能导致各类不同的桩景夭折。养坯的前功尽弃，成型的、多年辛苦而创作的作品，也会毁于一旦。

所以，成型桩景的施肥，还是以正常适时补充为好，不可盲目扣肥，那样有可能适得其反，造成桩景营养不良，生长逐步衰弱、精神不振，甚至功成身退。对确实需要用控肥手段来抑制少数叶片较大的桩景，也只需选在早春树木刚萌芽时进行阶段性的扣肥，这样不仅有效地控制桩景的叶片增大针叶增长，

也不会对其今后的正常生长产生影响。其它时期还是按常规进行肥水护理，及时足量地补充其所需的养分。尤其是花果类桩景，在孕蕾期及果子膨大期不可缺磷钾肥，否则它就难以正常开花结果，培育它们的真正目的也就难以达到。

（4）特殊桩景：所谓特殊桩景是指原坯本来就不是很健壮完整的，枯朽面积较大的，有的甚至仅存半边输水线、活皮之类的桩景。

学前人不落窠臼
求变新不囿时风
——韩学年盆景赏谈

文·徐民凯 Author: Xu Minkai

Learning
From
Predecessors
But Not
Copy at all,
Innovating But Not
Follow the Fashion
——Han Xuenian's
Penjing Appreciation

图1 素仁九里香盆景

近几年,韩学年这位新中国的同龄人、十年动乱中的"老三届"、改革开放后的成功的企业家、盆景界令人瞩目的艺术大师的诸多盆景作品,越来越引起国人的关注。

韩先生的盆景作品,深得岭南盆景先贤素仁和尚盆景的神韵精髓,看得出他对素仁盆景充满仰慕和挚爱之情,并非一时的心血来潮。他曾专门撰文(《素仁盆景憧憬》)提议将"文人树"与素仁盆景加以区分,并将素仁盆景独立门户以光大于世界。虽然这一提议还有一定的局限性,但已能让人真真切切地感受到韩先生那颗滚烫而恳诚的心。韩先生的一些盆景题名诸如"海幢遗韵"、"素仁遐想"等也恰恰证明了这一点。

更为重要的是韩先生在学习和继承素仁盆景传统风格的过程中,并非一成不变地刻意模仿,而是有了令人击节惊叹的突破和创新。他的学古不落前人窠臼,变新不为风气所囿的精神,是非常值得称道的。

素仁盆景造型最为突出的特点就是"简",而"简"之所以得以体现,完全是借鉴于中国画与独步千古的中国书法的以线造型的艺术。素仁的那盆双干九里香盆景(如图1),就是反复应用单一直线条的典例,它也成为素仁巧用最简洁的线条来营构画面并达到出神入化而又完美无缺的境界的最具代表性的名作。

图2 "岭南秀色"

图 3 "雾海探影"

> "雾海探影"如云龙之幻游天骄,如舞鹤之骨奇姿雅,
> 如叠瀑之飞流折泻,如草书之狂放潇洒。

素仁对线条的理解和应用,对于深受中国传统文化熏陶且自身有着较为全面的知识结构和积累的韩学年来说,无疑是一个极大的启发。因此,在盆景创作中,他可以从容自如地吸取各种不同的文化资源的营养,以增加盆景的文化厚重度和艺术感染力。他深知,中国画家和书家历来都把对线的千锤百炼作为一项最重要的基本功。中国绘画和书法的魅力,全靠线的丰富的表现力,线在空间运动能留下创作者的全部感情和跳动着的脉搏的轨迹。因此,韩学年先生在盆景创作中非常注意发挥线条的丰富表现力。

韩先生在盆景创作中,一方面继续保持素仁盆景简疏、高耸、瘦劲、飘逸的基本风格,如"海幢遗韵"、"岭南秀色"(如图 2)等;另一方面则将更多的精力投入到盆景的求变创新之中。他的很多作品都能体现其别出心裁的对线条的理解和变化的创新手法。"雾海探影"(如图 3)是韩学年先生的一件平常之作,但它的造型却有一定的代表性。在通体镂刻篆书《满江红》的柱形高腰紫陶签筒盆中,原本瘦劲的山松的树干没有像传统盆景那样直挺耸立,而是向左上方划出一条美丽的曲线,非常洒脱地飘出盆面之后又慢悠悠地下悬至盆面以下,继而轻轻地向内侧抖了一个小小的弧,然后陡然向外侧斜下方飘去,约在签筒盆高约四分之一处折身上扬,留下一片绿,一波三折地向外平展开去……"雾海探影"的造型,在保持素仁盆景的瘦劲、简疏、飘逸的基本特点的同时,颠覆性地改变了素仁盆景另一个特质即直干高耸,对树干分别融入了曲、婉、回、环、跌、悬、平、错、折、扬、旋、斜、顺、逆、收、放等令人眼花缭乱的多种造型技法,却仍然保留素仁盆景的神韵,真可谓慧眼独具,灵感迭出。"雾海探影"如云龙之幻游天骄,如舞鹤之骨奇姿雅,如叠瀑之飞流折泻,如草书之狂放潇洒。作品妙曼独特的视角冲击力,更让人神出意外,震撼不已。这里需要特别强调的是韩先生的盆景造型的丰富变化不是凭空臆造的、也不是孤立无源的,他在素仁风格原有的平淡率真中加入了狂狷奇崛的因素,是对素仁盆景造型技法的深化、延伸和拓展。

图 3 "雾海探影"

如果说素仁盆景只是单一线条即直线条的反复应用（如图1）的话，那么韩学年先生的盆景创新造型技法的不同凡响之处就是多线条的综合使用和发挥（如图3），让在同一作品中的各种不同的线条都能最大限度地展示自身的特点，绝少雷同，因此也就愈发显得新颖独特，别有一番情趣。韩先生更多的盆景作品如"揽云"、"劲松千秋"、"雅趣"、"风霜岁月尽风韵"、"云鹤仙骨"（如图4）等与"雾海探影"一样，都是多线条综合使用的范本。而"婀娜"、"舒舞"、"根韵"、"向往"等则凸显颇具难度的高提根技法，"退耕还林地回春"、"牧歌"等则使用了高干层林组合技法等，这些作品都无一例外地突出了各种线条的美感，千姿百态，精彩纷呈。

笔者还注意到，韩学年先生低调而警醒，严谨而慎密。在盆景创作中他有自己的思想和操守，有自己的原则和底线，从不跟风。在无树不舍利之风靡漫目前盆景界之时，韩先生冷静、沉稳，不为所动。他除了根据树材需要而恰到好处地在"素仁遐想"（如图5）、"重生"中使用高干"舍利"技法加以点缀外，还从没有随波逐流地刻意于舍利干。这很令人钦佩。

图4 "云鹤仙骨"

图5 "素仁遐想"

> 他的作品，将禅家的离尘淡泊的净灵哲学与儒家的积极入世的道德实践糅合一处，在互补中求得多重性的一致，凸显禅悟与禅悦的灵魂触及，进一步展示人性的美好，不断促发人们对生活的憧憬。

中国文化，绵绵传承，悠久而广博。虽然其蕴涵的极其丰富的养料足以滋养庇荫在它翼躯之下的每一位艺术家，但不可否认的是这也可能同时成为许多艺术家寻求突破和创新的沉重的包袱。实践证明，在韩学年先生那不受规矩约束而又淡定自若的自信心和不受世俗诱惑而又耐得住寂寞的"平常心"的后面是极具跳跃性的思维和极强的使命感，这让他能够在盆景艺术创作中不断地超越自我，不断地开辟跨越传统的模式。他的作品，将禅家的离尘淡泊的净灵哲学与儒家的积极入世的道德实践糅合一处，在互补中求得多重性的一致，凸显禅悟与禅悦的灵魂触及，进一步展示人性的美好，不断促发人们对生活的憧憬。较之素仁盆景，韩先生作品的选材更加多样，造型更加夸张，技法更加丰富，内涵更加深刻，形成自己的独具个性的艺术风格，当之无愧地成为今日中国盆景界备受瞩目的艺术家。

旧时明月

文：柯孝仁 Author: Ke Xiaoren

——读韩学年几件盆景作品

Han Xuenian's Appreciation Penjing Arts

　　学年盆景——自觉、灵动力、念兹在兹。所以风格简洁、精炼、明澈。它，从简约的画面中营造出"丰满的尽可能多的"人文内容（尤其山松盆景）。从而为盆景意义的提升、境界的开阔和主题辐射的多层次牵引交织的发展并获得了升华。同时，它无形中还可以表现节律变衍以及现代生活中的现代人的超先意识和谐意识，甚至一些不和谐的情态和豪迈。使盆景画面形象、意象、想象成功地转换为时尚及社会的精神符码。在他的盆景里，不难看出制作者情感意识与指涉；还能给读者送来意外的惊喜，让读者享受意想不到的阅读快感。

　　别样的意境，别样的思维。在我偏执的审美里，我把它们这样读了——

"素仁遐想"

　　"相对于流逝的时间它有些沉寂、年轻。在这个秋天，身披落叶，它又显得那么苍老。"

　　天空辽阔深远宁静裹住它的身影，仿佛另将驿动的喧嚣锁在梦里。于是，它一动不动，或许，生命的内核，感觉一种轻柔从心底走出，诉说几许悲愁、几许惆怅。

"柔如流水刚似铁"

　　我不得不怀疑这"柔如流水刚似铁"的画面，是不是我的一场梦。许多时候，我一直注视着它。

　　在这种令人神往的寂静里，我终于看清它的面目——为水预设的河床如期而至，形意应运而生，柔如流水。"潺潺的流水"变成铁一样的眷恋，让心绪静静端坐在自然的法则之中，这种外柔内刚、刚柔相济的生态，像一些音乐里抒情的符号，一起仰望。而那谛听生命微语的顶端"雅致"从老庄那里借来一份超脱，凭靠主体气势，飞翔起来。

"翔"

　　分布稍显均匀的针叶，佐以暗香抚慰，亦如雨后梳理干净的羽毛。恍惚中，我仿佛看见一只天宇里的精灵——燕子。刚飞至屋檐下的家，环视四周，好像又欲飞离。它，"用那对永恒的剪刀似的燕尾，反复剪裁天空这块无形的幕布。"凌空的心境演绎得风生水起。

　　"可以没有鸟，但不能没有飞翔。"

　　这棵山松不会飞翔，但保持飞翔的姿势。

"超脱"

在它的俯视下，为烟雾迷茫的凡界。

藤萝、蔓草、山花、地蕨……各以不衰的绿色映照水之明净。

向上的路与向下的路交织，一头是真实，另一头还是真实。什么时候出发，什么时候抵达，身不由己。这时候，"一个高贵的生命在鸿蒙的另一极与一个朴素的生命对话"，它们在天性和神性间寻找"出路"——"禅坐之时，我看见其中有精魂凝集"，一种透明心理，望向高处。

"神烛"

"一束喷薄的火焰锐利成一支锋芒毕露的矛，在无涯的黑暗里，屹立。"

屹立——锋的势，芒的力——神圣的支柱。所有的"深涵暗道"都可能遭受它的探照，一切龌龊腐朽的东西都可能被它清扫。……"意马收，心猿锁。"

"神烛"———根挺立的瘦骨精神的救赎。

"青松夕照"

它的表情悬挂在一次次被我想起的语词上——郁郁葱葱，生机盎然。把我的黄昏丰富，把我的想象延伸……

松影与心影吻合，多少转身而去的目光不能阻止心中的明亮。思想的底线有声有色。

沧桑上升，苍老张扬。从此的气氛多了几分养颜的温柔，从此的心境多了几分馨香的气息，为黯淡下去的时光重新绚丽准备几道防线。

青松与夕照相随，沸沸扬扬。一老俱老，方成顶礼膜拜的风景。

"小天鹅"

想象你只能以你的命名的意象来表述。

飞翔，是一个不可变更的童话。

八千里路云和月，没有一扇开着的门。从闪电的开裂处设置梦境的情绪和情节，只有无惧的狂妄才能想象着天堂的洞房。

观察、思量、寻索，依旧不能挽救鸟类折翅的哀伤——可悲的过程不是小天鹅含泪的飞翔，而是人类"自身的纠缠"。

"共峥嵘"

这件盆景，既不是步着黄基棉前辈的后尘，也不是自家独到的蹊径，而是时尚的同时，大胆、前卫地将石头"一张表情复杂的面孔，凹凸不平的全是不能破译的禅机"和一棵"在对未来的结局清楚地知悉后"的相思朴树恰璧。这样，时间与流行汇合在一起，树木与石头共长天。它们从峥嵘影子里积聚信心和力量，虔诚地朝向远方——因为"远方一声声呼唤，声音里荡漾着蒙娜丽莎的目光。"

"共峥嵘"没有玩弄意象，没有花里胡哨，只有制作者衷情面对自然，以灵魂的敞开与对话，进入风景，并孜孜不倦地踏上时光延伸的隧道，将"梦想给人类注入纯洁的精神的光芒，让那光芒穿过黑暗，照亮人类日益混乱的心灵。"

"岁月春秋"

气候严厉培植了山松的多重性格。刚——能擎起一座座名山；柔——能负载春秋万种。
相信命运，却从不屈服于命运：枝干备受岁月的颤栗——嶙峋交错、痕迹深刻犀利；复沓回旋的顶端枝叶，回首跋涉，姿态傲慢高贵，临风高歌，慰藉自己的艰辛与痛苦；抓地点根，铁骨铮铮，力度总在体内亢奋，征服时间，为了一种等待——梦不再消瘦。

"无题"

躬腰顶风的枝干，柔中见刚。刻刀似的沟痕，带有几分野性——多么美丽的"舍利"，没有一丝凄切，没有一缕感伤，只有纯净与深沉。

"在这里，聚与散的界限泯灭了，显与隐的差别消失了。"宁静中，生命之翼的律动，原始且风情："如一支桨划向土地的深处"，意象新美而甘甜。

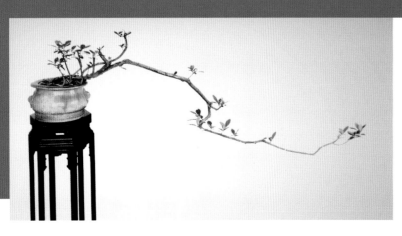

"妙趣"

几根长短不一的枝条，从蓝瓷的嘴里流了出来——竖、折、捺、撇，寄托驾着向往；君临燕语呢喃，长出不可多得的绿宝石。"直至降雪的日子，还挂在向晚的枝上。"横生的身影涉过逝水，把守一处能静下心来的地方，于此，种一些无韵的诗句，迎迓来者。

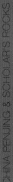

"思怀"

偶然和缘分,一块石头与一株榆树走到一起。它们一起播种与果实无关的想象和属于它们的童话。榆树依附石头,石头就有了色彩。榆树经年如水的情怀,滋养石头被岁月荒芜的心。虽然石头不玲珑剔透,却很晶莹,有着从不蒙尘的心。榆树适从、欣慰。由于柔顺、畅快,石头那生命的端口,开始有了悠长而缓慢的等待。等待饮雨的它花开花落,等待它在梦与醒的边缘落叶满身。石头的心被榆树的根揪得很紧很紧。若说真有心动的爱,只有石头自己明白。坐立石头上端的榆树正招摇两只蝴蝶于它们的周围飞来飞去。

"婀娜"

山松的两条根居然以闪电般的形式出现在泥土的肩上,那该是一回怎样的触目惊心?这个抽象的符号,虽然多少与自己对不上号,但是,源于一种太深太深的执着,生命的彰显在一个特殊的时间坐标上,出奇制胜成为丝毫不用怀疑的可能——尽情地担当属于自己的一份力量和勇气:潇洒超然,细腻婉约,于情于理。如今,"它们用深深的同情与感恩,传递着泥土的心声。它们的声音如水,在泥土的声音里融汇延伸……

然而,因根而不断增值的碧翠氤氲的树叶,公然大胆透支日月的温馨,在十分古典的意境里贻笑大方。

"弄舞"

泥土冥冥中的一股力量,可以加速一棵山松的生命潮汐。怎样找到比波浪还温柔的枕头,安置它的梦——将现实与想象的快乐和谐地定格在炊烟帝国的慰藉中,韩先生为此心血来潮。

我终于明白梵高他何以把星空描绘成扭曲的形状 。我也终于理解韩先生的苦苦用心:韩先生在山松盆景的艺术天地里之所以捕捉一点一滴与别人不同的美与爱,是因为即使自己很老很老以后,而那"松之风"、"松之韵"、"松之魂"、"松之品"……仍然能够激动不已,意味深长,刻骨铭心。

（图片转载自《童梦——韩学年盆景艺术》一书）

"风光无限"

"直的树木先遭砍伐。"使用使然。这样的安排让无数个这样的命运黯然神伤——一棵山松与生俱来又直又"牛",它能否绕过这样风险而转换成另类的好去处?关要仍然适逢高人的高招。于是,生命在线,无不重视古典,在风的预言里,窥视传说中的那个"庖丁"。

岁月荏苒。它,落在水里的目光,幻象显现了:检点逆转思路,积蓄甘为俯首心气 ,谛听山洞溪流汩汩的流淌声和呼啸而过的山风,随后,幸运的情愫引领着诗的礼遇,在春天的心事里越发风光。

客观地面对生活、自然,完善构思、设计理念,合理运用功力、悟性、情趣、理念,在达到艺术境界的情况下开展设计创作,是作品得以成功的关键所在。

Wonderful Imagination and Beyond Oneself

迁想妙得 超越自我

——关于盆景设计的思考
——Thinking About Penjing designation

文:邵武峰 Author: Shao Wufeng

> 对盆景艺术家而言,他的作品从设计开始,就表现出了他的专业技艺水平,也是知识、阅历、生活体验的体现,更是集人生历练于一体的修为。作者的个性、学养、才情最终将全部体现在他设计、创作的作品中。

盆景作品的成功,主要是考察其通过展览和媒体报道宣传后,在以观众和读者为中心的观后反应,观察他们的接受状况,跟踪观众、读者的品评、议论,以及自发传播、仿制的广泛程度,还要对其在历史发展过程中延续时间的长度,后辈盆景人对它了解的深度等一系列评判来确认的。对一件作品的成功起决定性作用的,是最初的设计创作。

从事盆景创作的艺术家,必须具备深厚的管养工夫,对不同树种的习性、文化内涵有深刻的了解,以及对盆景设计、创作中的一些约定俗成的特殊形式所代表的特殊意义,予以正确运用。并能够通过设计,充分地表现出作品的形式美。同时,还需对相关传统文化、艺术的充分了解,合理借鉴其他门类艺术的表现形式,以超越的精神实现自我超越的设计创作。

对盆景艺术家而言,他的作品从设计开始,就表现出了他的专业技艺水平,也是知识、阅历、生活体验的体现,更是集人生历练于一体的修为。作者的个性、学养、才情最终将全部体现在他设计、创作的作品中。

盆景作品的设计，不只是停留在表面形式的形象创作上，而是借助完美形象，寄托艺术家的情感。同时，也寄托了艺术家对艺术的情趣和生活情趣的追求。盆景艺术是通过设计出的作品形象，来承载艺术家的情感，向受众传达艺术家的思想，使受众可以从作品中体味到艺术家的美好精神追求和审美享受。

如果没有对生活、社会和自然的特殊感受，不具备丰富的综合实力，没有对表现形式和技术手段的精准把握，以及对自然物象改造经验的积累和创作境界的微妙感觉，设计活动就不可能达到超越自我的境地，也就不可能设计、创作出新颖别致、突出个性的作品。

个性风格是盆景设计的灵魂，盆景艺术家应将个性风格作为盆景创作的最高目标。笔者认为，没有个性的作品等于是复制前人的作品。孔泰初的《盆景百态图》已将盆景的设计意识、表现形式和创作意念概括始尽，只有表现出特别突出的个性，才能体现出设计创意。

由于缺乏设计创意，近年来盆景作品从形式到意蕴、内涵深邃的越来越少；而显现技法、制作性的工艺追求现象则日趋严重。对此，盆景艺术家需通过对设计方案进行可行性的多样化尝试，让作品回归生活、自然，重拾创作激情，以扭转现实创作中单调、片面性追求技法、工艺显现的现象。

设计创作的过程，不仅是对作品未来多样化的预计尝试，同时，也是对自我创作能力的发现、提高。这个过程讲究"迁想妙得"，就是综合把握艺术家设计出的、不同方案中最美好的内容。真正有创意的设计，不论是内容、观念，还是表现形式、包括技法，都是站在前人的肩上，突破前人的框架，形成自我个性，实现艺术语言的再思考和新萌发，促进盆景艺术的发展。

怎样才能设计出优秀的盆景作品呢？著名美学家宗白华先生说："以宇宙人生的具体为对象，赏玩它的秩序、节奏、和谐，借以窥见自我的最深心灵的反应，化实景而为虚境，创形象以为象征，使人类最高的心灵具体化、肉身化，这就是'艺术'境界，艺术境界主于美。"对艺术的追求是忘我的、纯净的，面对社会、生活、自然，是要用心灵去感受的。通过心灵的体会，达到天人合一、如梦似幻、诗一般的灵性境界，从可视的物象进入不可视的精神领域。内心的激情与作品的设计意识，自然表现为一种超越自我、摒弃大化一同的自由创作精神，在物我两忘中超越艺术语言和物质世界。

在这种精神境界中设计的作品，能够达到感性到理性的统一，表现形式到表现内容的统一，作品的布局，技法的运用同整体意识形态的统一，抽象的意念和具体的形象统一，精神内涵和自然生命的统一。作品是升华了的精神境界和构思、设计出的完美形象相融合的"意"、"象"结晶。艺术家的设计表达，主要体现在他作品完成后的"意象"表现。通过"意象"表现，实现受众对作品的解读和同作者的对话。

艺术的拓展是以人格的修炼和素养的提高来支持的。完美新颖极富个性的设计是作品成功的保证。高超的专业技术，深厚的传统文化功底是设计创作的基础，良好的悟性是设计创作的灵感源泉，激情、意趣是设计创作的原动力，自由、唯美的境界是设计创作的根本。客观地面对生活、自然，完善构思、设计理念，合理运用功力、悟性、情趣、理念，在达到艺术境界的情况下开展设计创作，是作品得以成功的关键所在。

这个过程讲究"迁想妙得"，就是综合把握艺术家设计出的、不同方案中最美好的内容。真正有创意的设计，不论是内容、观念，还是表现形式、包括技法，都是站在前人的肩上，突破前人的框架，形成自我个性，实现艺术语言的再思考和新萌发，促进盆景艺术的发展。

中国罗汉
研究示

把享有罗汉松皇后美誉的"贵妃"罗汉松接穗嫁接到其他快速生长的罗汉松砧木上,生长速度比原生树还快几倍,亲和力强,两年后便能造型上盆观赏,这种盆景的快速成型的技术革命是谁完成的?是在哪里完成的?

汉松生产
基地

全国十大苗圃之一

广西银阳园艺有限公司——中国盆景艺术家协
会授牌的国内罗汉松产业的领跑者和龙头企业

在北海
In Beihai

2009年

贵妃罗汉

紫砂古盆的鉴赏（连载一）
Purple Clay
Ancient Pot Appreciation   Serial I

文、图: 王选民 Author/Photographer: Wang Xuanmin

图1 紫泥原矿料
The original purple clay material

时下中国已是百业振兴，盛世收藏已广为人知。宜兴紫砂这个耀眼的制陶艺术已在华夏大放异彩。说到紫砂壶，可谓众人皆知，在玩家和收藏界吸引了不少人的眼球。当提到紫砂古盆时知情者却甚少，就说盆景业内人士能知其价值又能鉴赏古盆者屈指可数，这与当今盆景盛世的飞速发展极不相符。故普及紫砂古盆知识、扩大其受众面，当下实有必要。可喜的是，最近几年紫砂古盆的收藏在盆景界已悄然兴起。这些有财有识的藏家早就暗自蓄势，一个领先于收藏界的紫砂古盆独门独类的博物馆及收藏馆将展示给世人。随之而来的

爱好者和收藏家、商家及拍卖会形成了前所未有的收藏氛围。相信宜兴紫砂古盆的收藏会在不久的将来步入中国艺术品收藏之大潮。

有关紫砂盆的藏品介绍及鉴赏知识旨在本书每期可读。开辟这块天地有益于紫砂盆的知识普及，同时对于提升收藏家的收藏文化地位也具有重要意义。此举是德惠广施盆景之天下，实乃可喜可敬！真心渴望广大紫砂爱好者及收藏家能够热情支持积极参与为盼。笔者借此一角，就紫砂盆的一般知识及鉴赏谈一点玩赏收获以示交流。

图 2 黄龙山紫砂原矿岩层
Mt. Huanglong purple clay original stratum

一、什么是紫砂, 宜兴紫砂陶泥的特定涵义

紫砂是用来制作盆、壶及其它陶制品的陶泥。亦称紫砂泥料。它产于宜兴的鼎蜀镇一带, 资源为该地区特有, 其陶泥特性是其它地区的陶泥所不能替代的, 故习惯称 "宜兴紫砂"。

紫砂实际上是亿万年前天然生成的矿土。这种矿土具有合理的化学组成、矿物组成, 特别是具有颗粒性组成的特点。将这些原生矿料取出来之后, 经人工筛选并分门别类, 然后再经过自然风化分解, 矿料就变成了大小不均的颗粒。这种原矿料的颗粒土称之为 "紫砂生泥"。把生泥再经过人工磨制粉碎, 加工成粗细不等的颗粒粉。然后再加水调和炼成泥团。制成后的泥料还需要再经过一段时间的 "陈腐", 就成了 "熟泥"。熟泥具有较好黏韧度, 手感细腻滋润, 它可以直接用来制作各种紫砂陶器。紫砂熟泥还具有以下优点: 用它制作的陶器生坯具有一定的强度, 干燥后收缩率较小, 塑造性能特别好。所以它给生坯制作工艺流程中提供了理想的条件。俗话说泥性好容易 "成活儿" 成坯。

紫砂陶泥制品经高温 (1200 ℃ 左右) 烧成后, 其分子结构呈球形重叠排列, 中间留有链式双重气孔, 气孔率可达 7.8%。这种气孔物相是其它瓷土、陶土所达不到的。因此, 气孔率高、透气性好就成为宜兴紫砂陶的一大特点。另外, 由于其原子结构为球状, 所以紫砂成品后其表面能达到光润如玉的脂感效果。紫砂泥中含铁量较高, 可达 8% ~ 12% 之间。所以, 经过高温烧成后自然会呈现出紫、红、棕红等多种色调, 这或许就是紫砂的名称由来吧。

图 3 黄龙山紫砂老矿坑的断层
Mt. Huanglong purple clay old fault

　　紫砂泥的种类较为复杂,初期认识时总是辨认不清。其实紫砂泥料从矿源上分,主要有紫泥、朱泥和本山绿泥三种基本泥料。这些泥科主要产生于江苏宜兴的鼎蜀镇附近,所以统称宜兴紫砂。但是紫砂泥料由于原矿层的生成差异,即岩层生成时的不确定性,会在同一矿层中出现"你中有我,同中有异"的夹杂现象。这本身是岩矿生成的复杂性,是大地自然奉献。正因为此,它给紫砂的品种变化、发色成器、审美诱惑都带来了许多耐人寻味的神秘色彩!明白了这些道理,弄清楚了紫砂的由来,对于紫砂的鉴赏会有很大帮助。下面把三种基本泥料一一作分析介绍。

　　1. 紫泥: 紫泥是三种泥料中产量最多的一种。矿原在宜兴鼎蜀镇的黄龙山,矿料出自黄石岩层的夹层中。外观呈紫红色、紫色、紫黑色。主要成分是水云母,并含有不等量的高岭土石英、云屑和铁质成分。具备黏土性状,可以单独制成泥使用。也是调配其它泥的最常用的基本矿料。紫泥启用年代最早,古时称谓"天青泥"。是黄龙山久负盛名的上乘老紫泥。明、清紫砂史料均有记载。现在上好的天青泥奇缺,常见的天青泥制品都是用紫泥加入其它原料调制而成。不过当今的黄龙山紫泥并不缺少优秀矿料,它仍然占居紫砂的王者之位!

图 4 黄龙山紫砂岩层
Mt. Huanglong purple clay stratum

图 5 分解中的紫砂生泥
The decomposition of original purple clay

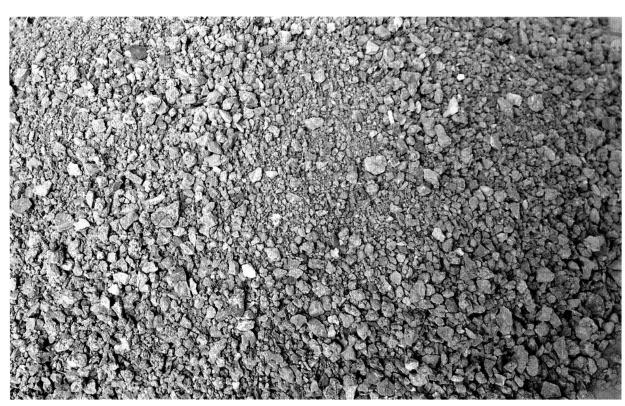

图 6 自然分解成颗粒的生泥
Original purple clay turn to pellet in nature

CHINA PENJING & SCHOLAR'S ROCKS

主编：中国盆景艺术家协会
Edited by China Penjing Artists Association

《中国盆景赏石》——购书征订专线：(010) 58690358 (Fax)

订阅者如何得到《中国盆景赏石》?

1. 填好订阅者登记表（见附赠的本页），把它寄到：北京朝阳区建外 SOHO 西区 16 号楼 1615 室 中国盆景艺术家协会秘书处订阅代办处，邮编 100022。

2. 把书费（每年 576 元）和每年的挂号邮费（每年 12 本共 76 元）通过邮政汇款汇至协会秘书处订阅代办处，请注明收款人为中国盆景艺术家协会即可，不要写任何收款人人名（务必在邮寄订阅登记表时附上汇款回执单复印件，以免我们无法查询您的汇款）或通过银行转帐至协会银行账号（见下面）。

3. 然后打电话到北京中国盆景艺术家协会秘书处"购书登记处"口头核实办理一下订阅者的订单注册登记，电话是 010-5869 0358 然后……你就可以等着每月邮递员把《中国盆景赏石》给你送上门喽。

中国盆景艺术家协会银行账号信息： 开户户名：中国盆景艺术家协会 开户银行：北京银行魏公村支行
账号：200120111017572

《中国盆景赏石》订阅登记表

姓名：_____ 性别：_____ 职位：_____

生日：_____ 年 _____ 月 _____ 日

公司名称：_____

收件地址：_____

联系电话：_____

手机：_____ 传真：_____

E-mail（最好是 QQ）：_____

开具发票抬头名称：_____

汇款时请在书费外另外加上邮局挂号邮寄费：每年 76 元（由于平寄很容易丢失，我们建议你只选用挂号邮寄）。

书费如下：每本 48 元。

☐ 半年（六期）　　☐ 一年（十二期）

☐ 288 元　　　　　☐ 576 元

您愿意参加下列哪种类型的活动：

☐ 展览　☐ 学术活动　☐ 盆景造型培训班　☐ 国内旅游（会员活动）　☐ 读者俱乐部大会

☐ 国际 旅游（读者俱乐部活动）

成为中国盆景艺术家协会的会员，免费得到《中国盆景赏石》

告诉你一个得到《中国盆景赏石》的捷径——如果你是中国盆景艺术家第五届理事会的会员，每年我们都会赠送给您的。

成为会员的入会方法如下：

1. 填一个入会申请表（见本页）连同 3 张 1 寸证件照片，把它寄到：北京朝阳区建外 SOHO 西区 16 号楼 1615 室 中国盆景艺术家协会秘书处（请注明"入会申请"字样）邮编 100022。
2. 把会费（会员的会费标准为：每年 260 元）和每年的挂号邮费（全年 12 本共 76 元）通过邮政汇款汇至协会秘书处，请注明收款人为中国盆景艺术家协会即可，不要写任何收款人人名（务必在邮寄入会申请资料时附上汇款回执单复印件，以免我们无法查询您的汇款）。
3. 然后打电话到北京中国盆景艺术家协会秘书处口头办理一下会员的注册登记：电话是 010-5869 0358。

会费邮政汇款信息：

收款人：中国盆景艺术家协会

邮政地址：北京市朝阳区建外 SOHO 西区 16 号楼 1615 室 邮编：100022

（注：由于印刷出版周期长达 30 天以上的原因，首期《中国盆景赏石》将在收到会费的 30 天后寄出）

中国盆景艺术家协会会员申请入会登记表　　证号(秘书处填写)：

姓名	性别	出生年月	
民族	党派	文化程度	照片(1 寸照片)
工作单位及职务			
身份证号码	电话	手机	
通讯地址、邮编		电子邮件信箱 (最好是 QQ)	
社团及企业任职			
盆景艺术经历及创作成绩			
推荐人 (签名盖章)			
理事会或秘书处备案意见 (由秘书处填写) :			

备注：请将此表填好后，背面贴身份证复印件，连同 3 张 1 寸照片邮寄到北京市朝阳区建外 SOHO 16 号楼 1615 室 邮编 100022。
电话 / 传真：010-58690358，E-mail: penjingchina@yahoo.com.cn。

CHINA SCHOLAR'S ROCKS
赏石中国

本年度本栏目协办人：李正银，魏积泉

"吉象" 绿彩陶 长60cm 高48cm 宽29cm 李正银藏品
"Lucky elephant" Green China stone Length:60cm Height:48cm Width:29cm Collector:Li Zhengyin

"金龟" 三江彩陶 长 116cm 高 70cm 宽 110cm 李正银藏品
"Golden Tortoise". Sanjiang Colorful China stone. Length:116cm Height:70cm Width:110cm.
Collector:Li Zhengyin

"金色犀牛" 黄龙玉 长 52cm 高 26cm 宽 36cm 魏积泉藏品
"Golden Rhinoceros" Chalcedony Length:52cm Height:26cm Width:36cm Collector:Wei Jiquan

赏石文化的渊流
传承与内涵（连载五）

On the History,
Heritage and Connotation
of Scholar' Rocks (Serial Ⅴ)

文：文牪 Author: Wen Shen

五、元代的赏石文化（1271-1368 年）

公元 1271 年，元世祖忽必烈（成吉思汗孙）建都燕京（今北京），国号大元。次年首都改称大都。1279 年，元灭南宋，统一全国。

蒙古族以武力入主中原，将族群划为蒙古人、色目人、汉人、南人（南宋汉人）四等。人群中文人地位最底。元朝统治者采取高压政策，汉族士子的地位跌至谷底，汉文化的重视更无从谈起。南宋遗民采取不合作的态度，隐居在城市、乡村、山林之中，以研究传承文化为乐事，寄情于艺术为取向，促进了民间戏曲、小说以及意境高远的文人画蓬勃发展。赏石文化，在故国山水的遥念中，在这种落寂的士子心境中，文人自发于民间，陈设于文房，形成更加精致小巧、疏简清远的风格。

御苑赏石

金大定元年(1161 年),金世宗定都大都(今北京),开始修建大宁宫(今北海琼华岛),役使兵丁百姓拆汴梁"艮岳"奇石运往大都,安置于大宁宫。元定都大都,在广寒殿后建万岁山。皇家《御制广寒殿记》载:万岁山:"皆奇石积叠以成……此宋之艮岳也。宋之不振以是,金不戒而徒于兹,元又不戒而加侈焉。"从万岁山赏石可以看出:元代皇家园林,是在金人取艮岳石有所增添而成。元代统治者并无赏石文化的概念,更谈不上传承与发展的问题了。

赵孟頫与赏石文化

赵孟頫(1254-1322 年)字子昂,元代最杰出的书画家和文学家。为宋太祖赵匡胤后代,秦王赵德芳第十二世孙。即为大宋皇家后裔,又为南宋遗臣,且为大家士子,本应隐遁世外,却被元世祖搜访遗逸,终拜翰林学士承旨。其心中茅盾之撞激,可以想见。赵孟頫专注诗赋文词,尤以书画盛名享誉,亦赏石寄情,影响颇为深远。

(一)赵孟頫珍藏"太秀华"奇石

明林有麟《素园石谱》记载,赵孟頫藏有"太秀华"山形石。文曰:"赵子昂有峰一株,顶足背面苍鳞隐隐,浑然天成,无微窦可隙。植立几案间,殆与颀颀君子相对,殊可玩也,因为之铭。"诗曰:"片石何状,天然自若,鳞鳞苍窝,

图 1 英石 元代 现藏紫禁城

图 2 灵璧石 元代 现藏紫禁

背潜蛟鳄,一气浑沦,略无岩壑,太湖凝精,示我以朴。我思古人,真风渺邈。"从以上记载可以得知,赵孟頫所藏为太湖景观峰石,置于几案之间,有君子风骨,让人生思古之幽情。

(二)赵孟頫珍藏"苍剑石"笔格

《素园石谱》绘有"苍剑石"图谱,有"钻云螭虎,子昂珍藏"刻字。赵孟頫同时代道士张雨记载:"子昂得灵璧石笔格,状如钻云螭虎。"螭虎是无脚之龙。赵孟頫灵璧石笔格,有穿云腾雾之状,气势非凡。

(三)赵孟頫吟咏"小岱岳"研山

《素园石谱》又载:张秋泉真人所藏研山也。赵孟頫咏:"泰山亦一拳石多,势雄齐鲁青巍峨。此石却是小岱岳,峰峦无数生陂陀。千岩万壑来几上,中有绝涧横天河。粤从混沌元气判,自然凝结非镌磨。人间奇物不易得,一见大呼争摩挲。……"张道士所藏"小岱岳",小巧玲珑、气势雄伟、峰峦起伏、沟壑纵横,天然生成并无雕琢。赵孟頫一见惊呼奇物,爱不释手。可知石缘之情深。

(四)赵孟頫始治文人印

清代举子、青田印学家韩锡胙在《滑凝集》中记载:"赵子昂始取吾乡灯光石作印,至明代而石印盛行。"中国古来治印,或以金属铸造,或以硬质材料琢磨。所谓文人治印,以软质美石为纸,以刀为笔,尽显文人笔意情趣。文人治印,初选青田灯光冻石,始于元代赵孟頫、王冕,至明代文彭而兴盛。文房印石兴起,赵孟頫功不可没。

倪瓒与的书画与景石

倪瓒(1301-1374年)号云林子,出身江南富豪。筑有"云林堂"、"清閟阁",收藏图书文玩,并为吟诗作画之所。擅画山水、竹石、枯木等,画法疏简,格调幽淡,与黄公望、吴镇、王蒙合称"元四家"。

(一)倪瓒居室置石

台北故宫博物院所藏元代佚名《画倪瓒像张雨题》,画面右角方几所置文房器物中,有横排小山一座,主峰有左右两小峰相配,峰前尚有小峰衬托出层次。云林坐于榻上,背后山水多石,张雨题:"十日画水五日石"。云林绘画于居室,赏石是重要元素。

(二)倪瓒与狮子林赏石

苏州名园狮子林,建于元至正二年(1342年),寺僧惟则建菩提正宗寺。素有"假山王国"、"叠石之最"美称。云林曾参与狮子林的规划,以其写意山水和园林经营的理念,将奇石叠山造景方法融于园林之中,世人多有仿效而蔚然成风。云林还为该名园作《狮子林图卷》。后人于狮子林题楹联:"云林画本旧无双,吴会名园此第一。"

(三)倪瓒画理与赏石法理

元人画理中,最具声名的为倪瓒《论画》:"仆之所谓画者,不过逸笔草草,不求形似,聊似自娱耳。……聊以写胸中之逸气也。"云林绘画,不同于以形写神的"神",而是不求形似的"逸"。古意、士风、逸气,是元人画理的发展,画石、赏石,亦同此理。晚明文震亨《长物志》在论及大朴倪瓒时说:"云林清秘,高梧古石中,仅一几一榻,令人想见其风致,真令神骨俱泠。"这是元代高士的生活写照,也是元代隐士的赏石法理。

元代赏石的特点

(一)小型石受推崇

元代赏石在民间发展,陈列于文房,具备峰峦沟壑的小型石最受欢迎。元代魏初《湖山石铭》序说:"峰峦洞壑之秀,人知萃于千万仞之高,而不知拳石突兀,呈露天巧,亦自结混茫而轶埃氛者,君子不敢以大小论也。"诗铭:"小山屹立,玄云之根。峰峦洞壑,无斧凿痕。君子懿之,置之几席。匪奇是夸,以友静德。"石有君子之德,何以大小论之?

(二)文房研山兴盛

元代研山兴盛,最为文人赏石推崇。《素园石谱》记林有麟藏"玉恩堂研山":"余上祖直斋公宝爱一石,作八分书,镌之座底,题云:此石出自句曲外史(张

雨)。高可径寸,广不盈握。以其峰峦起伏,岩壑晦明,窈窕窊隆,盘屈秀微,东山之麓,白云硙硙,浑沦无凿,凝结是天,有君子含德之容。当留几席谓之介友云。"林有麟题有诗句:"奇云润壁,是石非石。蓄自我祖,宝滋世泽。"以上论及的林有麟先祖、张雨、赵孟頫、倪瓒都珍藏研山,元代文人置研山于文房也蔚为风气。

(三)赏石底座普遍应用

根据学者丁文父在《中国古代赏石》中的考证,在形象资料中,如山西芮城县永乐宫三清殿,元代《白玉龟台九灵太真金母元君像》,元君手托平口沿方盘中,置小型峰石。在其它资料中,不仅有须弥座,还有圆盆、葵口束腰莲瓣盆底座,而且有上圆盆下方台式复合底座。宋代的赏石底座主要以盆式为主,一盆可以多用。元代赏石底座与石已有咬合,赏石专属底座产生于元代。

【连载五,未完待续】

根石茶汇融 天地人显彰
Three Friends in Life :
Root Carving, View Stones and Tea

文：雷敬敷 Author: Lei Jingfu

中国人好茶，有客人来，鲜有不奉茶的。久而久之，成了一种礼仪，叫做茶道；也是一门艺术，又叫茶艺。茶之起源地有多种说法，但公认的是中国，而且是那脍炙人口的名句"扬子江中水，蒙山顶上茶"的四川省名山县的蒙山。大学时代曾在毗邻名山县的雅安市喝过蒙山产的蒙眉花茶。茶香袅袅，似有若无，茶水澄明若清水，淡淡的苦涩过

后是淡雅而悠长的回甜。几十年过去了，难以忘怀。

好茶要有好水。据说当年王安石曾托嘱在四川的苏东坡为他取一瓮长江瞿塘峡的中峡水，不久苏东坡便带水前来。王安石亲自汲水煮茶，茶经冲泡后，王安石观察片刻后问道："此水可来自瞿塘中峡？"东坡回答："正是。"王安石大笑起来："又来欺老夫了！此乃下峡

之水也！"苏东坡大为惊异，只好据实相告。原来船行三峡时因贪恋两岸风光，待想起王安石所托时，船已至下峡了。可见，这扬子江中水也是有境界之分的。

吾友李君傍长江之滨开了一座茶楼。名字取得好，叫"茶人之家"。因喜好奇石，便在茶楼的大厅、茶室遍置大小奇石于根艺之旁，书画之间。于是，这茶楼又多了一份石之奇巧。在品茗啜饮

图 1 "酒" 长江石 长 16cm 高 25cm 宽 8cm 李强藏品
"Jiu" . Changjiang Stone. Length: 16cm, Height: 25cm, Width: 8cm. Collector: Li Qiang

图 2 "白猫" 长江石 长 21.4cm 高 19cm 宽 11cm 李强藏品
"White Cat" . Changjiang Stone. Length: 21.4cm, Height: 19cm, Width: 11cm. Collector: Li Qiang

图3 "白马" 长江石 长 17cm 高 17cm 宽 8cm 李强藏品
"White Horse". Changjiang Stone. Length: 17cm, Height: 17cm, Width: 8cm. Collector: Li Qiang

"白梅"诗云:"白梅傲霜三九冬,梅花似雪香几重?忽然一夜寒霜至,雪如梅花满苍穹。"

一外地茶客偶来此处,离去之时在留言簿上以"邂逅'茶人之家'"为题,写了下面的文字:我是无意之间进的"茶人之家",这也许是一个茶痴的好奇心所致。在如此繁华浮躁的钢筋水泥大都市之中,怎会出现这般古雅的茶楼?室内的奇根异石相应着浓墨淡彩的字画,濛濛的烟霭,淡黄的灯花,郁郁菲菲的茶香,我已不能止步,欣然踏入其中。

时届寒冬,茗一口祁红,酌着身旁那满室的根雕和奇石,我已惬意于这古色古香的氛围了……现在的人因为少于接近自然反而更加崇尚自然,有着返璞归真的心理需求。这些天然的根的造型和石的语言,合奏着一曲美妙的天籁之音。几杯茶下肚,竟使我有了微醺的醉意……

李君没有想到,他的根石爱好,会受到茶人的如此喜爱与推崇。于是他请对根、石、茶都喜好的笔者为该茶楼写一篇"茶人之家赋"。笔者欣然命笔,赋曰:

采嫩芽于蜀山之蒙顶,汲峡水于长江之瞿塘。茶之为茶,渊远流长。神农为饮,祛病仙浆;陆羽制茗,延龄佳汤。茶蕴长寿,百年未央;人皆草木,万世流芳。况茶禅一体,色如碧潭,月临轩窗;茶儒共济,香比幽兰,风掠荷塘;茶道相映,气若云霞,凤翔扶桑。嗟乎,茶之中国,恣意汪洋!

今茶人之家,传承前臻,广置华堂;创新当代,博采众长。茶味醇厚,茶艺简尚;茶文经典,茶诗奔放;茶画传神,茶人兴畅。文人雅士,群贤毕至;专家学者,盛举共襄。琴棋书画,文气徜徉;春夏秋冬,墨韵流泱。又有根艺随型,艺在取舍之方;奇石自然,石在妙意之想。根石茶汇融,天地人显彰。美哉,茶人之家,茶人心灵之乡!

笔者最后落款为:壬辰年春 于渝州两江交汇处。

之时,或驻目欣赏,或摩挲细究,茶香墨韵的氤氲之中,人石相谐,天人合一,其乐融融。

"茶人之家"有一文字石,在好似宋代绢纸的土黄色背景上,一行墨迹酣畅的"酒"字飘逸遒劲,那左边的三点,恣意挥洒,似酒后书家率性而为。笔者谙此意,为该石配诗一首:"美酒醇香不记年,天公妙笔酣然间夜半挑灯迷醉眼,但有此石不羡仙"(见图1)。茶楼还有三石,均为黑底白纹,尊为"馆藏三白"。一为"白猫",两目炯然(见图2);一为"白马",俯首若闲(见图3);一为"白梅",漫天雪染(见图4)。都各配有赏析诗文。

"白猫"诗云:"邓公猫论有趣闻,此猫自由精气神。眼如利剑荡腐恶,尾似钢鞭护人伦。"

"白马"诗云:"马首是瞻意何如,欲踏青云破石出。遨游高天长嘶鸣,化为祥龙降雨瀑。"

图4 "白梅" 长江石 长 19cm 高 16cm 宽 5cm 李强藏品
"White Plum". Length: 19cm, Height: 16cm, Width: 5cm. Collector: Li Qiang

会泽铁胆乾坤石
岩石中的金元宝

The Gold in Stones:
Huize Ferrous Disulfide Stones

文：顾发光 Author: Gu Faguang

2010年3月，笔者受云南省观赏石协会委托，参与了鉴评、送展云南参加上海世博会云南馆观赏石精品展示的工作。同年4月9日，"龙腾盛世"等四枚会泽铁胆乾坤石就与黄龙玉大理石、金沙江怒江水石、普洱茶、古滇国"牛虎铜案"、建水紫陶、禄丰恐龙化石一同出现在上海世博会云南馆中，成为独具特色的云南标签。铁胆乾坤石形式多样，有的布满细小而密集的晶体颗粒，有的镶嵌着浮雕纹饰，小的仅几两重，大的重达五吨多。那么，这种神奇的石头究竟是怎样产生的呢？

自2007年至今，笔者数十次到会泽县驾车乡迤石村的新田、水节、龙杂、发科、白布嘎、老箐梁子、上叉河；驾车村的冷风箐、小麦地、陡石坎、下叉河等地实地调研。

2008年7月28日，笔者带领会泽观赏石协会副会长张小有，会员袁坤、张朴伟，从新田社小河口出发沿河徒步行走，冒着地段山体正在发生滑坡的危险往下察看到迤石上叉河至驾车下叉河铁胆乾坤石被洪水冲了翻滚时的景况。在山洪的冲击下，如同一条乌黑的长龙注入那条干涸了几个月的迤石河

图1

（见图1）。天阴沉沉的，刮着大风，污浊的洪水咆哮着，拍打着河岸，数百个迤石村、驾车村的村民，却撑着雨伞，戴着斗笠，冒着危险，站在河道两旁，目不转睛地盯着汹涌的洪水。

这时，一个篮球般大小的石头被山洪冲了翻滚下来，一个村民迅速用板锄把石头掀上了浅滩，说时迟那时快，另一个石头又被洪水冲了翻滚下来了，一个小伙子激动了，跳进齐胸深的水中，汹涌的洪水一下子把他冲出了好几米远。小伙子打了几个踉跄，才艰难地挪动那被泥石冲伤的脚走上浅滩，抱住石头，岸上的村民一阵惊呼。等到小伙子抱着

图2

土地只能种苞谷、土豆、荞麦、燕麦，当地人日出而作、日落而息，却只能艰难度日（见图3）。

要说迤石村真有什么特别之处，或许就跟村子的名字一样，石头特别多。房前屋后、古道两旁、田间地头、山沟河里、山上山下常常能看到一些圆滚滚的黑石头，当地人称之为"元宝石"。逢年过节，村民外出碰上了，就随手捡回来，堆在香案下面，据说这样会带来财运。村里的"元宝石"实在太多了，村民修房子，也找来几块圆石头，喊个石匠把圆石头上下磨平，就是天然的柱脚石了。

千百年来，谁也没想到，这些黑黝黝的石头真的给他们的生活带来了变化。一次，一个村民捡了个"元宝石"，随手丢在了农村洗厕所用的草酸盆里，想洗干净再拿到堂屋去。没想到，不一

石头爬上岸，早已累得气喘吁吁了。几个外乡的石商跑上前去与两个村民买石头，经过一番讨价还价，最终一个以3000元的价格成交，另一个以3800元成交。

2008年10月26日，笔者带领会泽观赏石协会常务理事顾应堂到驾车村冷风箐小麦地陡石坎等地调研路发亮、路老双、陈达富等几个村民正在冷风箐的悬崖徒壁上开采铁胆乾坤石（见图2），一个脸盆大的石头快要凿出来了，但在脱离下黑层时的一瞬间，石头猛然滚下了900m左右的下叉河，摔成了几半；一天的艰辛劳动化成了泡影。他们直站着发呆。

以石为生的迤石村村民

与坐落在乌蒙山脉中成千上万的村落一样，迤石村清静、古朴，却也贫穷、闭塞。黄褐色的梯田在群山中画出一道道线条，里面点缀着一间间灰色、白色、红色的房子和稀稀疏疏的植被，贫瘠的

图3

会儿，就发现黑黝黝的石头上居然镶嵌着一粒粒金光闪闪的金属结晶，就像是某位能工巧匠镶进去的一样，发出耀眼夺目的光芒。赶集的时候，村民把"元宝石"带到集市上，马上被商家高价收走了。这种经过清洗的"元宝石"值钱了（见图4）！

这个消息如同重磅炸弹，很快就在村里炸开了，村民们才恍然大悟，原来那些"元宝石"不仅长得跟元宝一样，还真是老天爷赐予村民们的财富。房前屋后、地里田头、山上山下的"元宝石"很快被捡拾一空，干涸的迤石河中，随时可以看到扛着锄头、铁锹的村民，他们在河床中刨开泥沙，希望能多找到一两个"元宝石"。

每年夏天，山洪暴发，山体表皮部分松动的"元宝石"便被冲入河道中，被埋在河床中的"元宝石"也因为洪水的搅动，从泥沙中露出来。山洪来时，迤石村村民就像过节一样，蹲守在河道两边，等待着洪水赐予他们的礼物，有

图4

的村民甚至背着干粮连夜守候在那里（见图5）。中国人往往望洪水退却，而在迤石村，山洪却成了村民一年中最大的期待。迤石村的村民，过去年平均收入只有几百元，而好一点的"元宝石"，一个就价值几百上千元，难怪有人不惜冒险跳进山洪去追逐它们。

令迤石村村民疑惑不解的是，这些大小不一的"元宝石"，有的只用草酸轻轻擦洗，晶体便露了出来；有的泡上几天，篮球大的石头甚至缩小到鸡蛋大小，却也看不到任何金属晶体。在很长一段时间中，迤石村的村民已经顾不上给庄稼浇水施肥了，在外地打工的村民也回来了，全村老老少少都在自家院子里，用草酸清洗着一个个"元宝石"，刺鼻的草酸味道，在村里一直难以散去。有的石头只需用小小的小尖锤轻轻一敲，金烂烂的金属就显现出来了……

铁胆石，结核石家族中的"金元宝"

中国观赏石协会科学与技术顾问地质学家张家志曾慕名来到迤石村，他发现村民口中的"元宝石"，真正的源头其实在岩层中。

在一户人家屋后的岩壁上，张家志找到了几颗尚镶嵌在岩壁上的"元宝石"（见图6、7）。房主告诉他，母鸡要下蛋，石头也一样，"元宝石"就是岩石下的蛋。天天风吹日晒的，总有一天会掉落下来。一天晚上，有颗"石蛋"掉了下来，砸坏猪圈，压死了他家的老母猪。

几年前有报道称，四川、新疆、福建、贵州、湖南、湖北等地的岩壁纷纷"下蛋"，贵州省黔南布依族苗族自治州三都水族自治县有一个"产蛋崖"，长20m、高6m的岩壁上孕育着数十个"石蛋"，有的刚崭露头角，有的已摇摇欲坠，直径在30cm至50cm，表面有一圈圈类似树木年轮的纹路。

与迤石村的"元宝石"一样，这些"石蛋"，地质学上称之为"结核石"。它们是在漫长的"硬结成岩作用"过程中，地壳中一种或者几种矿物质，按照"物以类聚"的原理，向着一个聚集点——地质学上称为富含有机质的"小生境"，一般为岩层中生物的残骸，逐渐聚集、生长而形成的一系列矿物质团块。在中国，结核石在距今5.4亿年的寒武纪早期、3.5亿年的石炭纪早期、

图5

图 6

一些海洋生物游到这里，往往会缺氧窒息而死。生物腐烂后，体内的硫化氢与泥沙中的铁元素结合，形成硫化亚铁，后来在水中大量沉淀并聚集成团，以黄铁矿的形式结晶析出。黄铁矿即硫铁矿，因其浅黄铜的颜色和明亮的金属光泽，常被误认为是黄金，民间也称之为"愚人金"。在"硬结成岩作用"过程中，岩层中的其他矿物质围绕着"黄铁矿"不断聚集，就形成了黄铁矿结核石。经过几亿年的地质变迁，当年的汪洋成为陆地，岩层中包裹的黄铁矿结核，就成了今天看到的结核石。与岩

在国虽屡有发现，有的也含黄铁矿，含量却不高，难以聚成结晶，并没有太多观赏价值。而迤石村的黄铁矿结核石，黑色的石胆幽深沧桑，金黄色、银色的结晶层层分布，镶嵌其中，光芒四射，故又有"铁胆乾坤石"的美誉，是一种少见的有艺术和经济价值的结核石，迄今仅在云南省会泽县、东川区、晋宁县、澄江县等地有发现，又以会泽县驾车乡的迤石村、驾车村、屋基村、白泥村最为集中。

不过，并不是所有的结核石都是铁

2.5 亿年前的二叠纪早期地层中都曾有过发现，一般呈圆形、扁圆形、罗锅形，有硅质、钙质、铝质、镁质、锰质结核等之分。

迤石村、驾车村结核石中的金属结晶，经鉴定为硫铁矿，比起一般的结核石，其形成原因更加复杂。张家志推测，在大约距今 5.4 亿年前的寒武纪，当时的云南尚是一片汪洋，迤石村、驾车村所在的位置是一个风平浪静的海湾，海水少有波动，容易形成缺氧环境，

图 7

图 8："金元宝" 会泽铁胆乾坤石 长 32cm 高 32cm 宽 20cm 顾双林藏品
"Gold Coin". Huize Ferrous Disulfide Stone. Length: 32cm, Height: 32cm, Width: 20cm. Collector: Gu Shuanglin

层比起来，结核石硬度更高，风化得慢，岩层慢慢剥落，里面的结核石便露了出来，也就是我们看到的"石蛋"了（见图7）。

或许是上天格外偏爱迤石村，结核

胆乾坤石，村民洗不出结晶的石头只是普通的结核石罢了。而洗出了结晶的结核石便成了鹤立鸡群的翘楚，就是值钱的"金元宝"了（见图8）！

图9

山中寻宝，犹如大海捞针

　　迤石河早被村民刨了一遍又一遍，干枯的河床一片狼藉，到处是深坑与卵石堆，已找不到一个值钱的铁胆石。夏天的山洪虽能冲出一些铁胆石，洪水期却只有短短几天，况且岸上有几百双眼睛盯着，僧多粥少，既考眼力，还得有敢与洪水拼搏的胆量和体力。

　　既然铁胆石生在岩石中，村民们就纷纷打起了开矿的主意。

　　2011年6月25日，云贵高原的天气已一天热似一天，这天下午，迤石村村民福所柱、福绍德扛着铁锤、铁钎，背着竹背篓，拎着塑料饮料瓶改装的茶壶，走向村后左侧龙杂的山腰上。在龙杂的山腰上，他们跟另外几个村民合伙开了一个矿洞（见图9）。在迤石村，这样的开矿队伍很常见，几百号男人，三个一群，五个一伙，合伙开采铁胆乾坤石（见图10）。

　　福绍德披上蛇皮袋做的背心，戴上头灯，提着铁凿钻进矿洞，几分钟后，洞中便传来了阵阵凿石声。接着，福所柱背着一竹篓黑岩石出来了，倾倒在山凹中。这是寒武纪的砂质泥岩，岩层厚度一般在15cm至80cm，分为上下两层，地质学上称为"上黑层"与"下黑层"，铁胆乾坤石就埋藏在"上黑层"中。

　　很快，矿洞中传来了阵阵欢呼声，原来发现铁胆石了。我钻进矿洞，矿洞

图10

高约1.5m，两个人并排都显得拥挤，弯着腰走上30m左右，一个磨盘大小的结核石镶嵌在岩层中。福所柱叼着烟，用铁凿小心翼翼地开凿着周边的岩石。矿洞潮湿、闷热，顶板居然没有任何支撑，也没有通风设施，而这些都是开采矿石最基本的措施。我蓦地想起自己刚来迤石村的时候，一个老婆婆拉着我的手，哭着说，他的儿子跟几个年轻人开采铁胆乾坤石，在洞中打炮眼，矿洞塌了，一个也没跑出来。

　　一个多小时后，福绍德垂头丧气地爬出矿洞，坐在地上大口喘着粗气。他告诉我，刚刚那个铁胆石有一角残了。现在铁胆石都"成精"了，一旦残了就一文不值。矿洞外的草地上，下乡收购铁胆石的商人陈家才、陈达金已经昏昏欲睡了，他们在驾车乡经营着各自的铁胆乾坤石馆，每天天不亮就下乡，守在矿洞门口，等待着洞中不知何时会出来的铁胆石。

　　黄昏，山上的采矿队纷纷收工了，他们有的挖了几个饭碗大小的铁胆石，在溪流边清洗着战果，跟石商讨价还价；更多的人空着双手，唉声叹气；陈家才把收来的铁胆石绑在摩托车后座上，连夜开回了驾车乡奇石馆。

在追问与质疑中，铁胆石身价飞涨

　　第二天清晨，我来到陈家才在驾车乡的奇石馆，馆里早已忙活开来了。几十个等待加工的铁胆石铺满了院落，院子里摆着几个大桶，几个铁胆石浸泡其中，纵然涂上了一层墨绿色的草酸，璀璨的黄铁矿结晶仍隐约可见，在柔和的阳光下熠熠生辉。工人戴着防毒面罩，用角磨机打磨着一个个铁胆乾坤石，有的铁胆乾坤石结晶浅，用小尖锤敲去表面的皮壳即可；有的深，得用角磨机反复打磨。

陈家才戴上塑胶手套，将铁胆石放在水龙头下冲洗，用刷子刷，杂质慢慢脱落，一颗颗米粒大小的金属结晶露了出来，一圈、两圈、三圈……一个熠熠生辉的铁胆乾坤石就这样诞生了。"别看只是用草酸洗洗，其实学问大着呢，草酸浓度大了，泡的时间长了，结晶要脱落，跟秃子一样，就算掉了一颗，也会影响它的价值。"陈家才说。经过这两道简单的工序，一个个乌黑的铁胆石，就蜕变成了一件件瑰丽的艺术品。铁胆石形状多样，有壶形、坛形、罐形、帽形、果形、沙锅形、铁饼形、车轮形、飞碟形、碗碟形、葫芦形、哑铃形、花生形等等，一颗颗金色、银色的晶体点缀其中，如同金银钻石镶嵌而成的浮雕纹饰，变幻出各式各样的图案，流光溢彩（见图11至图15）。

从2004年以来，铁胆乾坤石就在昆明、北京、成都、重庆、石家庄、南京、银川、柳州等地的奇石博览会上频获殊荣，令人耳目一新，也逐渐引起了西方人的关注。

迄今为止，铁胆乾坤石只在云南出产，这也难怪在2010年上海世博会上，铁胆乾抻石会与黄龙玉、大理石、金沙江怒江水石、普洱茶、禄丰恐龙化石、古滇国"牛虎铜案"、建水紫陶一同出现在云南馆中，成为地道的云南标签了。

我在会泽县城开了江河颂奇石艺术馆，2004年以来，收藏了价值几十万元的会泽铁胆乾坤石，许多国内外游客来馆看到铁胆乾坤石后都感到惊奇，他们难以相信铁胆乾坤石上的结晶居然浑然天成，石形各式各样，还说："是不是火山爆发时高温燃烧后形成的？"，并要求我口头解答或者找个检测仪器检测给他们看。

就在这样的质疑与不解中，铁胆石的价格却一路攀升，从最初的一个几十元、几百元，到如今动辄成千上万元。自2005年10月云南省第二届赏石展（世博杯）到2012年7月的泛亚石博览会的8年里，每届展会上成交都好，2009年更以14万元的高价创造了铁胆石的最高成交纪录。而另一方面，铁胆石的产量却在锐减，任凭迤石村几百号村民怎么折腾，就差把山肚子掏空了，一天也只能出产几个铁胆石。

在西方人眼中，中国人喜欢收藏奇石，注重石头的形状、色彩、纹理与寓意，而西方人受18世纪初工业革命影响，更偏爱具有科学性的矿石与化石。从这个角度而言，铁胆石可谓中西方赏石文化的完美统一。2012年7月10日上午，北美观赏石协会会长、世界盆栽友好联盟国际顾问、BCI理事汤姆·伊莱亚斯，在中国昆明泛亚石博览会精品馆会泽代表团处，参观展品，并把世界盆栽友好联盟奖牌奖给了会泽铁胆乾

图11："摇钱树"会泽铁胆乾坤石 长29cm 高26cm 宽9cm 夏伍鹏藏品
"Coin Tree". Huize Ferrous Disulfide Stone. Length: 29cm, Height: 26cm, Width: 9cm. Collector: Xia Wupeng

图12："飞碟"会泽铁胆乾坤石 长36cm 高18cm 宽36cm 顾发光藏品
"UFO". Huize Ferrous Disulfide Stone. Length: 36cm, Height: 18cm, Width: 36cm. Collector: Gu Faguang

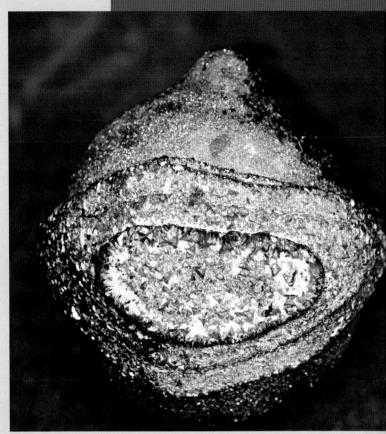

图13："天狗望月" 会泽铁胆乾坤石 长72cm 高98cm 宽28cm 顾双林藏品
"Heavenly Hound and Moon" . Huize Ferrous Disulfide Stone. Length: 72cm, Height: 98cm, Width: 28cm. Collector: Gu Shuanglin

图15："寿桃" 会泽铁胆乾坤石 长12cm 高12cm 宽10cm 顾发光藏品
"Immortality Peach" . Huize Ferrous Disulfide Stone. Length: 12cm, Height: 12cm, Width: 10cm. Collector: Gu Shuanglin

图14："'宝'字" 会泽铁胆乾坤石 长32cm 高32cm 宽26cm 茹兴铭藏品
"Bao" . Huize Ferrous Disulfide Stone. Length: 32cm, Height: 32cm, Width: 26cm. Collector: Ru Xingming

坤石金奖获得者张小有。2012年2月，我重返龙杂，之前熙熙攘攘的山头，现已门可罗雀福绍德的矿洞已经被废弃，不知道他们转战到哪个山头上了。我绕着山头走了一圈，大大小小的矿洞不下千多个，不少已经被废弃了，洞口残留着一大堆黑岩石与生活垃圾。从山顶向下俯视，一堆堆黑色岩石填满了山沟，在阳光下尤为刺眼，如同大山的伤疤一般。远山偶尔会传来一声声沉闷的响声，接着腾起一团烟雾，在乌蒙山脉中飘荡着。

相信在不久的将来，铁胆乾坤石将会发出更加璀璨的金光！必将在众多奇石爱好者的推动下走向世界！

SPECIAL ▶ 本期特别推荐
RECOMMEND

中国三大
专业盆景网站

请立即登陆

中国岭南盆景雅石艺术网	盆景乐园	盆景艺术在线
|http://www.bonsai.gd.cn	|http://penjingly.5d6d.com	|http://www.cnpenjing.com

"祖国山河一片红" 长江石 长 32cm 高 28cm 宽 5cm 彭毕忠藏石
"Mountains and Rivers in Homeland". Changjiang Stone. Length: 32cm,
Height: 28cm, Width: 5cm. Collector: Peng Bizhong

苍山残照

文：雷敬敷

　　浓云翻腾的纠结之隙，落日辉映的斑驳之阙，但见"苍山如海，残阳如血。"侧耳犹闻"马蹄声碎"，俯首但听"军号声咽"。不禁忆起那"雄关漫道真如铁，而今迈步从头越"的峥嵘岁月。悲歌落狂飙，壮怀溢激烈！

　　一幅恢弘的画卷，多重浓彩的交叠。深浅点涂，恣意明灭；曲直挥洒，信笔勾勒。才有这光怪陆离的境象，倾诉着红艳翠浓的热烈。形式美的华章，不仅仅是风花雪月；生命中的磨砺，才恰恰有喜怒悲悦。一方美石的外表，任色彩摇曳；几多深邃的内涵，凭感情宣泄！

诗曰：

大河洪波春潮涌，苍山残照西风烈。

抛砖石韵且成章，自有合鸣书新页。

几度夕阳红

文: 余冉

满目江山空画屏, 览古裴回, 断章沉吟。极目登临望五津。

六朝旧事如梦醒, 几度功勋, 百岁光阴。浪沙淘尽英雄名。

——余冉《采桑子》

一方石带给人美的享受里, 还能有什么, 诉说一个悠远的故事, 还是一段对历史的凭顾?

眼前的这一方美石, 色彩交叠, 汪洋恣意, 像一幅扑面铺成开来的历史画卷。画面上有如血残阳, 葱郁佳木, 也有惊涛拍岸, 浪涌云飞。也许这恰好是历史长河中的一瞬, 一段被记载下来的时光片段, 一种人类征服自然的欲望。

往事越千年, 魏武挥鞭奔驰在这块热血之地, 东临碣石, 横槊赋诗, 近观澹澹涛水, 竦峙山岛, 远望金陵王气, 五度津口, 胸怀包举宇内之志, 囊括四海八荒之意, 是何等踌躇满怀。

然而朝代轮番变更, 曾经浴血厮杀的古道早已湮没黄尘, 烽火连天的边城早已荒芜落寞, 盛衰兴亡一页风云散。几多征战欲望, 几度卓越功勋, 都随着流逝时光渺无痕迹, 如同一个冗长的梦境。

缄默的石头是一个很好的记录者, 它没有扭曲抹黑, 也不会添枝加叶——是非成败转头空, 青山依旧在, 几度夕阳红。

英雄下夕烟

文: 怡然居士

五彩缤纷, 画色浓郁, 远有长河落日, 近有峰峦千仞。既有国画泼彩的气韵, 更有油画堆砌的厚重。如此靓丽且画意深邃的油画石, 实属难得。

命题:

我喜欢长河落日, 也欣赏昆仑莽原;

我喜欢稻波麦浪, 也欣赏绿水青田。

长河流, 红日艳, 舟楫摇出欢歌, 彩霞漫天。

莽昆仑, 千仞山, 驼铃响彻丝路, 塞外孤烟。

长城长, 江河岸, 稻麦千重浪, 英雄下夕烟。

大漠美, 江南艳, 今朝无悲怆, 遍地是青山。

昆仑万仞直, 江海日落圆;

稻菽千层浪, 英雄下夕烟。

骄阳满江

文: 罗焱

石头与我们沟通的语言方式很多, 从画面到造型, 从色彩到质地, 总有那么一个密码, 能抵达人与石开始相互打动的内心。这枚美石, 似乎便掌握了一种密码。它将长江石中并不多见的斑斓色彩肆意渲染着, 把我曾想象或目睹过的磅礴江景, 以特写剪裁之技巧, 准确地呈现于石面。

半江不羁的激荡江水被一轮骄傲的红日染红, 周遭的色彩也因此瞬间丰富了起来。你看, 那明快的黄, 点撒在透亮的绿之间, 勾出了轮廓也分出了天际, 让审美的愉悦有了充分的理由。那些成熟稳定的蓝, 也顺势衬映出了轻薄虚无的橙, 它们一个承载起画面的厚重, 一个却游离得漫不经心。正是这样的色彩调和, 让整个画面充满了饱满的张力, 直视画面, 我仿佛能感受到天光被一寸寸收拢着, 所有蕴含的力量, 集聚到天荒地老的那一刻徒然向江面撒去——波涛汹涌处, 金沙四溢, 万物息声。看一枚石头久了, 自己也会深陷其中。被淹没, 被染红。为一江琉璃千顷的长卷, 屏息而立。

中华金沙彩的主要种类及鉴赏

Categorization and Appreciation of Jinsha Color Stone

文：熊峻松 Author: Xiong Junsong

中华金沙彩产于四川省凉山州会东县的溜姑乡和大桥镇的金沙江支流，于2005年被发现，2006年开始快速走向市场，成为西部地区著名的新石种之一，受到赏石界和收藏界的广泛关注和好评。该石种以强烈的多色彩组合和变化万千的线纹及浮雕荟萃于石，在国内众多优秀石种中一枝独秀，光彩夺目，成为收藏新贵。

一、中华金沙彩的地质成因

据地质专家考证：金沙彩的地质年代为距今8亿~10亿年的晚元古代早期。由于不规则的海底地槽活动，使这种沉积岩明显地表现出一层又一层的沉积年代长短的区别和起伏流畅的线纹；又因不同年代的沉积岩成岩的化学成分不同，致使出现不同色彩的片岩相叠，再加之地壳运动使之紧密相聚，更显出其色彩斑斓、灿烂夺目。送检结果表明：由于该石种复杂独特的地质沧桑经历，故石种多含有铁、锰、金、铜、磷等多种矿物成分。

图1 "岁月流金" 金沙彩 长50cm 高48cm 宽14cm 熊峻松藏品

二、中华金沙彩的主要种类

1. 多彩山水类

石上赤、橙、黄、绿、青、蓝、紫七色叠彩交织生辉，并有细纹或条块状黄绿渐变过渡色。大部分以山峦、沟壑、琼崖、峻岭、高台、流瀑的图案为主，七彩幻影，气势磅礴。部分图案出现西洋油画风情，浓抹淡描，呈景状物，彩映天地。

2. 工笔写意类

石体底色为浅绿色，石上以白石英、黑色、橙色和赭色流纹编图强壮韵，以工兼写，勾勒出栩栩如生的图案，这些图案有具象者，有夸张者，线条飞动流畅，如凤梳瑞羽、龙卷祥云、大江奔涌、沧海横流、远山近景、白云雾雨，显现出片岩叠彩的丰富肌理，令人感慨和惊叹沧桑变幻的神奇。

3. 彩帘流瀑类

此类石深绿显黛，浅绿近翠。纯绿者水洗度贪好，凸凹生情，翠峰连绵，

图2 "蟾蜍" 金沙彩 长 60cm 高 52cm 宽 16cm 王昭凯藏品

图3 "神雕" 金沙彩 长 48cm 高 62cm 宽 25cm 向长凤藏品

彰显生命活力；黛翠相伴交融或多彩相叠者，硬度和水洗度也高，石上肌理流畅，欢瀑飞溅，恰如绿帘飘浮入寰，又似银瀑来自九天，如歌如诉，气势磅礴。其画面将人带入大瀑布妙景之中，令人心旷神怡。

4. 油画风情类

石上以金黄、浅黄、深绿、浅绿、白色等块状或条状色彩交织分布，深浅过渡，多呈不规则意象图案。少有纯黄者，如黄金堆聚，金碧辉煌。还有黄白相间者，堆金砌玉，似金满堂。这类石品近似于现代油画风格，且大多以多彩组合的丰富自然色彩渲染宇宙纪化的大美，向人们透射和昭示原创神秘之色按自然力组合的神韵。石上表现出的这些色彩交响，成为当今时期"意象类"彩纹石的新版。

5. 象形彩石类

金沙彩中的象形彩本来就极少，故而更显弥足珍贵。象形金沙彩比之灵璧

图4 "金沙魂" 金沙彩 长 50cm 高 42cm 宽 16cm 郑陆藏品

石、太湖石、大化石和沙漠戈壁石等传统象形石种更兼具色彩之长，且观赏性更强，更受大众所喜爱。象形金沙彩往往由于造型生动，色彩丰富而栩栩如生，不仅神似，还有灵气，非常抢眼。造型都是拜金沙彩的色彩所赐。故在金沙彩中，象形金沙彩更彰显稀有和高贵。

图5 "金佛岭" 金沙彩 长38cm 高47cm 宽14cm 许亚琼藏品

图6 "金色记忆" 金沙彩 长36cm 高52cm 宽17cm 陈琳藏品

图7 "镜花园" 金沙彩 长43cm 高42cm 宽13cm 周安藏品

准"来赏金沙彩。我们赏的就是它或浓墨重彩，绿肥红瘦；或清雅灵动，疏朗有致；或四季分明，婀娜多姿；或娇柔妩媚，万紫千红；或热烈奔放，气势磅礴；或天高云淡，云卷云舒……五彩七色交织在一起的金沙彩如梦似幻，光彩夺目，灿烂生辉，让人不禁浮想联翩，神游环宇。它超越了美术大师们的艺术构想，把彩色的自然情怀朴实而又纯真地洒向人寰。更为难能可贵的是：在每一块金沙彩石种都含有黄金，少则几克，多则几十克、上百克。

这就是金沙彩！

由于金沙彩一经面世就广受追捧，加之蕴藏量又极为稀少，目前资源已经告罄。产地的石农在2012年春节前后租来两台挖掘机向下深挖，几乎无任何收获。一些胆大且水性好的江边石农不惜冒着生命危险在金沙江中打捞，却也所获无几。一石难求，价格攀高是目前大家对金沙彩的共识，单件金沙彩的成交已跨过百万元大关，几十万元的单件金沙彩的成交个案已不算什么稀奇之事。随着赏石文化的迅猛发展，随着收藏界对金沙彩的更进一步了解，相信未来的金沙彩必将跃入高端中国艺术品的辉煌殿堂。

这里我们虽然把金沙彩分成了几个亚种，但它们往往又不是独立存在的，大多数金沙彩其种类是你中有我，我中有你，相互依存。

一、中华金沙彩的艺术特色

金沙彩的基本色调为黄、绿、白，镶有红、蓝、紫、黑、褐、青、灰、粉等色彩，一方石头之上几种甚至十几种色彩杂而不乱，层次分明，实非人力所能调配。

从三岁玩童到白发老翁，从阳春白雪到下里巴人，不管是谁，只要见到金沙彩都会对它一见钟情，并为它的色彩所折服。这一种极具亲和力的石种，在国内外赏石界观赏石石种中恐怕是独一无二的。

我们赏金沙彩，最主要赏的就是它的色彩，色彩就是金沙彩的最大的招牌和亮点。与赏其它石种不同，我们不能用赏其它石种的眼光和所谓的赏石"标

图8 "锦绣山河" 金沙彩 长30cm 高38cm 宽6cm 李秋晓藏品

廣東真趣園全景

品名：真趣松
命名：蛟龙探海
规格：飘长238cm
作者：广东真趣园

中国真趣松
科研基地

谁经过多年的科学培育，大胆创新，培育出了世界首个海岛罗汉松的植物新品种——"真趣松"？

报道：2010年3月，国家林业局组织专家实地考察，技术认证，确认"真趣松"为新的植物保护品种并向广东东莞真趣园颁发了证书。

广东真趣园一角

地理位置：广东东莞市东城区桑园工业区狮长路真趣园
网址：www.pj0769.com
电话：0769-27287118
邮箱：1643828245@qq.com

主持人：黎德坚

广东真趣园六周年志庆

第一次寻石记

Looking for Stone --The First Time in Life

文：郭林梅 Author: Guo Linmei

几年前，因左眼生病在家病休，多次往返医院治疗的过程中，各种烦恼、苦闷接踵而来，惆怅而无聊的日子使我感觉到我的人生已走到了低谷，迷茫懦弱的我在挣扎中没有了方向，完全失去了对往日生活的信心和乐趣。

这年 5 月的一个星期天的早晨，一阵电话声把我吵醒，朦胧中听到有人约我老公去捡石头，听了半天才知道，原来是谭昌林在约他。我感到很惊奇，老公平时工作很忙，哪有时间去捡什么石头？再说为何要捡石头呀？是不是都得神精病了？正莫名奇妙地想着，老公死拉硬拽地把我从床上拽起一道上了车，在我一路的抱怨声中到达了目的地——昭化水洞坝河滩。下车后，看到他俩兴致勃勃地奔向河滩的背影，我百思不得其解，不就是捡几块石头？用得着这么激动吗？想着想着，我也走到了河滩中间，抬头无意地向四周张望着，渐渐地，我被眼前的景色惊呆了，那无数大小不齐的石头如同列队般整齐地排列在河滩上。顺着河流的方向往下看，五颜六色的石头正面恰好对着我，有的石头上

有红色的花纹，有的石头上白里透着绿，我无意捡了一块小石头，发现上面有铜钱般的红圆圈，颜色艳丽，非常好看，但很小，就又顺手扔掉了。再看看，这偌大的河滩上，还有在河滩中淘金的数十辆汽车在来回奔跑，将冲洗干净的石头都

倒在离河滩较远的坡下。老公和谭哥正在那里寻得起劲，他们一手拿着灌满了水的瓶子，一手翻动着眼前的石头，一会儿往石上洒水，一会儿又聚精会神地看着立起的石头，我被他们的认真劲儿吸引了，竟完全忘记了出门时的不乐，不由分说地加入到他们中间去了。

时间过得真快，在烈日暴晒下，转眼到了中午。老公喊我看他捡的石头，我看了半天，只是感到有几块石头上有画面而已，好在哪里却说不出来（后来老公告诉我他也不太懂）。再看看谭哥捡的几块石头上花纹清晰，石形好看，用手触摸时感觉石质光滑。我向谭哥讨教了一些有关捡石的知识后方知，石头与石头不同，有的有好型，有的有好画面，有的有好色彩，一块好的石头其形要完整，色泽要艳丽，质地要坚硬，更重要的是看到它的"奇"。奇石的魅力就在十一个"奇"字，大自然鬼斧神工赐给了我们的每一方奇石都仅此一件，失去了就

不会遇见了。同时也了解了在捡石时应从石的形、色、质、纹几个方面去寻找。原来，一块石头竟有这么深的学问。我边回想谭哥的话，一边忍着饥饿，又在石堆和河滩上不停地反复寻找了几个小时，但却没有寻找到一方如意的石头。真没想到要寻找到自己理想的石头这么难，看来今天只有两手空空而归了。

太阳要下山时，我们也收工了。看着老公和谭哥忙着把各自捡到的石头小心翼翼往车上搬运时露出的毫不掩饰的笑脸，返回路上听到他们评价各自收获时激动语言的表露，望着渐渐远离的河滩，我不免为自己感到遗憾.突然间，在汽车行至拐弯时，我看到离公路不远处一家农户的院子边上立着一块约有电风扇大小的乳黄色石头，叫停车后，我下车来到院子里近看，见这方石头石形很好，石中间有一束盛开的梅花，那栩栩如生的花瓣和欲开的花蕊，仿佛把我带入了寒冷的冬天。同时还感到有一

股暗香向我扑来，让我立刻忘记了一整天烈日的暴晒。再摸摸石质，感觉质地也很圆润，便兴奋地和老公说要买回家去，老公瞪大了眼睛不解地看着我，然后又使劲朝我摇头表示不同意。我想，管你三七二十一，先买下再说，便没有还价就买了下来。后来我将这第一次寻石时偶得的奇石命名为"傲梅"。

通过这次寻石的经历，使我认识到了奇石是经过漫长岁月的洗礼和千锤百炼后，仍然会把自己最美丽的东西奉献给人类的真正的艺术品。无言的奇石是无言大地造就的精灵，透过它美丽多姿的形态，让我们见到了史诗般大河奔流的壮观场面和风和日丽的田园风光，更重要的是让我了解了奇石所具有的石之精神。也正是当时偶遇到的这块因与我的名字有关而产生美感的石头，把我带入了一个新的生活里程——我爱上了奇石，同时我对我的人生有了新的认识，对生活又充满了信心。

珍品典藏

"梅雪争春" 绿泥石 长 23cm 高 18cm 宽 8cm 郝翊军藏品
"Plum and Snow". Green Clay Stone. Length: 23cm, Height: 18cm, Width: 8cm. Collector: Hao Yijun

梅雪争春

[宋] 卢梅坡

有梅无雪不精神，有雪无诗俗了人。
日暮诗成天又雪，与梅并作十分春。

"春香百寿" 丹景石 长 28cm 高 46cm 宽 20cm 林正英藏品
"Spring Forever". Danjing Stone. Length: 28cm, Height: 46cm, Width: 20cm. Collector: Lin Zhengying

春香百寿

文：雷敬敷

品相： 石形稳重敦厚，与图纹之文字形象相协调，石质细腻，白质黑章，凸纹清晰明快，水洗度上佳。

构图： 图纹极具篆书之韵味，疏密有致，结字之美，神形兼备，犹如一方硕大的朱纹章印。

意境： 该石之文字为凸纹双钩，既具"春"之笔意，又涵"寿"之墨韵，二者合璧，妙不可言。藏者命题"春香百寿"，尽涵此意。

大象
文: 徐胜毅

见形思大象，几度历沧桑。
正遇天崩裂，深埋地久长。
难寻亲骨肉，只剩断肝肠。
萧瑟秋风里，常怀草木香。

"象" 乌蒙墨石 长 32cm 高 20cm 宽 18cm 李寿彬藏品
"Elephant". Wumeng Black Stone. Length: 32cm, Height: 20cm, Width: 18cm. Collector: Li Shoubin

"唐老鸭" 风砺石 长 8.5cm 高 18cm 宽 7cm 武林虎藏品
"Donald Duck". Fengli Stone. Length: 8.5cm, Height: 18cm, Width: 7cm. Collector: Wu Linhu

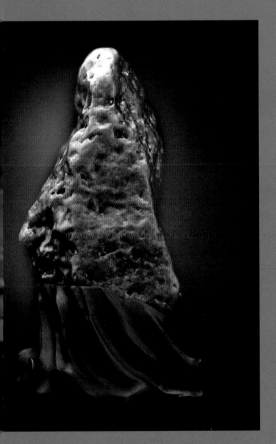

明镜
文: 丘仁番

行云流水是知音，
畅意抒怀共禅心。
青山绿树无俗意，
心若明镜照青衣。

"明镜" 黄帝石 长 21cm 高 26cm 宽 18cm 丘仁番藏品
"Mirror". Huangdi Stone. Length: 21cm, Height: 26cm, Width: 18cm. Collector: Qiu Renfan

唐老鸭
文: 武林虎

从迪斯尼乐园走来，从大洋彼岸走来，带着滑稽的风采。
原米洋人的经典"动漫"，腾格里沙海风意尘韵一样会出现噱头的情怀。

蝶形花

文：雷敬敷

铁胆铸就庄周梦，夕阳西楼听晚钟。
月明洱海舟无痕，雪拥苍山鹤有松。
人生甘苦三道茶，吾辈忧乐一点通。
彩云之南泉水碧，蝶舞山花相映红。

"蝶形花" 铁胆石 长 62cm 高 52cm 宽 28cm 顾发光藏品
"Butterfly Flower". Tiedan Stone. Length: 62cm, Height: 52cm, Width: 28cm. Collector: Gu Faguang

"盛世腾龙" 水冲石 长 15cm 高 28cm 宽 10cm 韦德宝藏品
"Dragon Spirit". Shuichong Stone. Length: 15cm, Height: 28cm, Width: 10cm. Collector: Wei Debao

盛世腾龙

文：韦德宝

浑实厚重的石上，蚀刻着一条苍劲的出海蛟龙。
金黄的龙躯鳞光闪闪，虬鳍毕现，跃出海面时溅起波涛汹涌而上。身曲九转，金爪怒张，龙晴炯炯，金须飞扬的威猛尽在这腾跃翻飞之动感中释放。
金龙出海，盛世恒昌！

"弥勒佛" 玛瑙石 长 12cm 高 12cm 宽 8cm 武林虎藏品
"Maitreya Buddha". Agate. Length: 12cm, Height: 12cm, Width: 8cm. Collector: Wu Linhu

弥勒佛

文：武林虎

袒胸露腹正堂坐，慈眉善颜拜上尊。身宽体胖缩颈，眼目朦胧带笑。
此尊聚日月精华，居兜率天、积天地灵气于龙华树下成佛。其外形似弥勒之貌，内蕴能容之蓄。远观憨态圆润可掬，近视无凡俗之势，此乃佛家之洒落胸怀也。

蜂巢

文：韦家叁

巢，用蜂蜜铸造，一点一点，一口一口，还透露着花的香味儿。精雕细刻，一针一眼，一孔一洞，都填满了情和爱。

巢，如凝脂，晶莹剔透。看似柔如水，实则硬如玉。闪烁着的，是蜜蜂辛勤的汗水吗？滋润了全家。

那家的滋味，是蜂蜜的甜多一点还是汗水的咸多一点呢？

"蜂巢" 黄腊石 长 16cm 高 23cm 宽 7cm 韦家宝藏品
"Honeycomb" . Yellow Wax Stone. Length: 16cm, Height: 23cm, Width: 7cm. Collector: Wei Jiabao

思念的味道

文：余冉

"思念的味道" 长江石 长 9cm 高 13cm 宽 4cm 雷敬敷藏品
"Missing" . Changjiang Stone. Length: 9cm, Height: 13cm, Width: 4cm. Collector: Lei Jingfu

轻轻的研一砚墨，淡淡的几笔勾勒。

一段千年前的心事，画面上的你，被定格在了待嫁时的模样。长袖在风中翻飞，漫天缤纷的桃花瓣将你妆扮得格外明艳。

待嫁的你是最美丽的新娘，头顶着红盖头，等待着人们簇拥着抬上幸福的花轿。

可为何却在你眉间捕捉到若有若无的忧伤？

是你辜负了谁的等待，还是谁错过了你的锦瑟年华？

只叹浓墨清浅，画不出思，也绘不成念。

画卷前的我顿了顿笔，调整好千年的时差。

此时正值满城风絮梅子黄时雨，放眼望去，

深深浅浅的青草从天际发疯似的弥散开来，铺天盖地的迷了我的眼。

原来，那是思念的味道……

8期の巻頭語において、私は、コンピューターと遺伝子工学にて後現代盆景を創る、聞くとかなり不思議な物語を述べたことがある。なるほど、その日は来たなければならない。私たちは恐らく10年又は100年を待たなければならない。但し、よく考えると、同物語にある全ての技術元素が現在社会にすでに存在している。コンピューター技術、遺伝子技術、生物系科学などとは全く揃うが、足りないのはなんか？人のコンセプトだと思う。一方、いま、ハイテク系科学者らはこれに従事しない、彼らのやることはノベル賞に関してだと思う。もう一方、当代盆景マンは、「次世代の盆景を創る」重任を私たちの前に渡した、と感じている。

最近、私は追溯式という角度にて、世界各地の新老盆景の名作を読み、「世界はそうであり、且つ相変わらずそうでるが、明日もそうであるか？」と感嘆した。

私は「満足することを知らない」の方である。

この話題は広いので、一つの本に書かれることは可能である。現在に至り、「蘇放さん、くだくだしくなくて、複雑な問題を簡単に説明してくださいよ」と言う方はいるかもしれない。

じゃ、いい。

まず言いたいことは、もちろん、世界上の全ての最優秀盆景創作大家らが世界盆景の歴史に貢献したことである。但し、この前、欧米多国の専門者にインタビューし、当代世界盆景の歴史を創る代表的芸術家の名簿を求める時、3人の氏名は最も多く言われた。彼らは木村正彦（Kimura Masahiko）、小林国雄（Kobayashi Kunio）、鈴木伸二（Suzuki Shinji）で、全く日本人なので、びっくりした。

私は分析すると、彼らの氏名が最前列に連ねた原因は、芸術と歴史の角度にて見ると、彼らの代表する群体が同時代に大衆の想像を超えて世界ブームにリードするトップ作品を創り、更に彼らのトップレベルは、他人が達する恐れがまだ超えられない、且つ彼らの作品はもう教科書式の経典作品となった。特に中国の当代盆景作家趙慶泉先生が、現代盆景に水石盆景という新たな視覚言語を貢献した。ヨーロッパとアメリカにおいても、こういうような中国盆景言語の影響も感じられる。

彼らの当年の松柏系作品を見ながら、私は今日にも相変わらずかなり感嘆している。視覚と空間への極めて誇張的な探求、芸術コンセプトの繁栄と研究、ライン組織の素晴らしい引っ張り力、出枝創意の空前絶後の想像力、植物の栽培技術と指向性思惟、僅か芸術大家が有する、世界を鳥瞰する雄大かつ自由な気質について、「素晴らしい」と言うほかないと思う。

前の通り言った「世界はそうであり、且つ相変わらずそうでる」にある「そう」は、同群体の代表する松柏盆景の究極水準を示す。彼らはまるで盆景のことをやりきるようだった。現在、彼らの標準を超える場合、疲れて3回も死んでもできないかもしれない、同レベルに達しても幸せなこととなる。信じなければ、やってみる。

また言いたいことは、現代の松柏盆景に関しては、彼らをはじめとする人々から発足し、彼らをはじめとする当代盆景がトップに達している。私の意味について、彼らをはじめとする人々について、現在、世界の盆景作品において、視覚と創意のレベル全般に同人々のものをはじめとする当代盆景がトップに達している。10年内に皆は見えると思う。但し、この傾向が恐らくあり、10年内に皆が早く分かったと思う。

・アクションと傾向を発見したことがない。特に、彼は多くのレベルの低い「小金持」又は普通人に対処するように尊重し、謙虚に教えを請う。私は、金持になるのが簡単で、「大金持」に対処するように人をするのが珍しいと思い、そのため、彼にいつも尊敬している。一人の友達の話のように、彼は全く多言を要しない、かつ人と比べる興味がない。なぜかというと、彼は全く多言を要しない、お金のより多い金持と付き合うのはより簡単で、レベルのより低い方は更に優れないからである。

3. 彼の運は本当に良い、彼の人生軌跡を見ると、全ての人生段階に晴らしい将来ある素晴らしいビジネスにした。遊べるし、お金を稼げるし、羨ましいである。彼は、一つの不動産を開発するとき、168の捺印が必要となり、たまに極めてうっとおしいだ、と私に言ったことがある。これに対して、羅漢松に関して、僅か日に当てたり水を注いだりして、非常に幸せなことである。

4. 彼は将来のために生きる方で、彼の人生軌跡を見ると、当時大衆の前に歩くことは分かった。彼の目にて、私は低調で確固な予言家の内心を見ることができる。

5. 李正銀の観賞石の収蔵規模と品質を了解する方は極めて少ない。もし見ると、びっくりさせると思う。

6. 普通の方は今日のために生き、賢い方は明日のために働き、指導者は将来のために考える。

現在の世界当代盆景作品において、盆景の発展はピークとなっている。そのため、当代盆景に、様々な条件、現代芸術新思惟能力を備え、特に現代芸術のロジックを習得することを考え、現代芸術の天賦及び自分の理論のシステム結構を備え、古今をよく了解するうえ、中西を貫き、グローバル視野にてことを考え、やれるうえ、現代芸術の視覚語言に自分を現して人に理解させる。これが非常に難しいことは分かるが、芸術家は僅か自分で納得する場合ぜひ効かない、世の中の人々を騙せない、皆の知力を心配する必要がない、国内外に多くの観衆の芸術鑑賞力は実に芸術家より低くないことである。芸術家らのものはより高い。

盆景の新たな創意を現すことは時間かかり、将来のために思える人々はぜひ覚えられる。盆景の創作分野に、李正銀さんのように10年後又は20年後のことを思える人々は多ければ、当代盆景の現状は必ず直されるようになる。中国は盆景の発祥国で、世界で、全ての盆景雑誌に文化に関する文章の比例は最も高い。将来を繋げる道において、私は、中国の芸術家が将来世界盆景のスターになる、と期待している。

後現代盆景に関して、当代盆景芸術家が現在、将来への思えとアクションを行うことは需要となり、皆は、現存モードを超える「新思惟」を待っている。将来の世界において、新思惟をマスターする方は世界を持つ。

なるほど、「やれば立派にやり、逆にやらないほうが良い」のように、現在、当代盆景の芸術家たちの進むことは期待されている。

【中国語と英語の版本は「中国盆景賞石・2012-9」の 8-13 ページをご覧ください。】
【中文版／英文版参见《中国盆景赏石·2012 - 9》第 8 - 第 13 页】

世界はそうであり、且つ相変わらずそうでるが、明日もそうであるか？

再び「後現代盆景」について説明する

文：蘇放

文化はなに？文化は、人間が数千年かかり自分がどこから来たのか？どこへ行く？全ての哲学、文学、美学、音楽、絵画、映画、生活方式、もちろん盆景を含めて現すことは文化である。

考えれば、一生においてやることは二つしかない、即ち：一つは生計の途を図ることで、もう一つはゲーム――自分を楽しくさせることである。毎日、目を閉じて夢の世界に入ることを現実世界から離れることに思い、毎日、目が覚めることを現実世界で生まれることに思えば、一生に多くの想像のチャンスがはっきり現れ、死亡の際にして、老若男女、貧富を問わず、全ての方が同じで、全く平等である、と発見される。但し、目が覚めることが残酷かつ誘惑的で、命かけと競争を満たすが高額宝くじに当たる恐れがあるチャンスのある現実世界を見かける。

生計の途を図ることはかなり無味乾燥であるが、ゲームはいつまでも誘惑的なので、盆景はこの業界に多数の方に対して最大の楽しさとなっている。考えていくと、この小さい個人愛好に、とても豊かになり、又は２年間の小木が１０年後不思議な「大美人」になる恐れがあり、こんなに楽しいことは珍しいである。一人の年寄り前輩は、嘗て感動させてあまり涙を出させるほどの誠な表情にて、私の肩を叩いて「蘇ちゃん、世界に盆景より良いものが本当にありません。遊びに適するし、お金を稼げるし、盆景は到底どのように良いのかとは言えません。もし言えば、これは極めて良いんです」と言ったことがある。

もちろん、僅か一部の方はゲームをこのようなレベルに達することができる。これに対して、多くの方は第一番目の１００万元を稼ぐために、「ある日、一つの全ての相手に勝つトップ盆景を買うこと」、又は「一つの長い間に言い出せないの世界をびっくりさせる盆景を創作すること」に憧れる。そこで、毎日、生計の途を図るために気をもんで苦労し、又は「競争相手」の前で人間内心の「人性凶悪」を示す。

盆景の前、特に「世界をびっくりさせる美女」のような空前絶後の絶代佳作の前に立つ場合、私は人生が短すぎて宇宙が広すぎる、といつも感嘆する。生計の途を図ることは苦しいことであるが、ゲームは楽しいことである。お金を有すれば最も買いたいことがなにかと聞かれると、時間だと答える。時間を有すれば、私たちは、より注意深くて盆景と共に生き、かつ世界の風雨を共有し、木による無限な喜び及び発見を受けるようになる。特に現在世界の盆景に関しては、時間を有すれば、歴史のために一つの新しい語彙「後現代盆景」を増やす恐れがある。

後現代盆景において新歴史を創る場合、私は、下の通り二種類の方が次世帯に需要な先頭芸術家群体になれないと思う。

第一：「前人」らを納得しない、「いま、私の木の盆景技術は彼らより優れます。信じなければ、彼らを呼び出し、木を設計して比べましょう」と言う。素直に言うと、これが極めて青臭くて醜い態度だと思う。同態度にて、結果はとても厳重である。どのように厳重なのか？１０年又は２０年後、「自分は誰か」と分かってから、同厳重程度を了解するようになる。

原因は非常に簡単である。同種類の方が利用している技術と概念は自分の創造物ではない、彼ら（現在納得しない人々）がかなり数年の前に創ったものである。無知的な方は心配しない。

さて、世界によく公認される芸術家群体は、世界に数えられないフェンに盆景英雄に認められ、フェンは彼らの作品と技術がよく分かり、但し「世界から隔てられる」方の氏名及び「名作」は常に「世界から隔てられる」、どうして？これに対して、僅かな解釈は、世界が本当に公平である。

第一の方は盲目に自負し、無知的なので心配しない、希望も将来もない方である。

第二の方は上記第一の方とちょうど逆になり、当代芸術の指導者らを標準にし、彼らのことに基づき行い、彼らの盆景方法と標準に従って創作する。

次の時代の盆景は、ぜひ現在範囲から出る後現代盆景であり、当代盆景に基づき萌え、根が生き、かつ進み、その後、前世帯又は三世帯人の思惟定式から出るものだ、と見込んでいる。真面目に言えば、後現代盆景の状況が分からない。但し、後現代盆景の傾向がぜひ来ると思う。

どういう傾向であるか？当代盆景思惟方法を越える後現代盆景の傾向である。2012年は速く経っている。毎日、世界どこにもあるネットワーク・ターミナル、センサー、クラウド・コンピューティング・センター、移動情報、オンライン取引、社交ネットワークにおいて、百万兆ビットのデータが発生され、毎月、世界で10億の Twitter 情報、30 億以上の Facebook、マイクロブログ情報は発表され、八年後の 2020 年に至り、世界数値情報の総量は 44 倍成長する見込みである。

オーマイゴッド！もし自分の年が八年後現在の 44 倍になると想像すれば、どのように考えるか？更に、想像して、現在、盆景のレベルが 8 年後現在の 44 倍になれば、どのように考えるか？この数字で笑わせるしかない。

9 期の表紙物語にある方は、私の前輩かつ関係の非常に良い友達である李正銀さんであり、彼の前に立つと、私は下の通り常にかなり多くのことを思い出す。

１．彼は話が少ない、但し、事を行うことがとても速い、他人はまだ分からないが、彼はすでに一つの小さい愛好を一つのびっくりさせる大きい産業に遂げ、将来中国ひいては世界の羅漢松市場において値決め発言権を有するトップ「盆景マン」となる。

２．彼は優れた成績を遂げたが値決め市場において謙虚に行い、気まぐれではない、優しくて落ち着く。私は、彼の話及びアクションにおいて、僅かな「俺様は金持ちなので旦那様です」のような、皆がよく見える可愛そうで可笑しい「成金」式の誇張的な話が見えない。

如何得到《中国盆景赏石》？
如何成为我们的一员？

中国盆景艺术家协会第五届理事会个人会员会费标准

一、个人会员会费标准

本会全国各地会员（2011 年办理第五届会员证变更登记的注册会员优先）将享受协会的如下服务：

1. 会员会费：每人每年 260 元。第五届协会会员籍有效期为 2011 年 1 月 1 日至 2015 年 12 月 31 日。

协会自收到会费起将为每名会员提供下列服务：每名会员都将通过《中国盆景赏石》通知受邀参加本会第五届理事会的全国会员大会及"中国盆景大展"等全国性盆景展览或学术交流活动；今后每月将得到一本协会免费赠送的《中国盆景赏石》，全年共 12 本，但需支付邮局规定的挂号费（全年 76 元）。

2. 一次性交清 4 年（一届）会费者，会费为 1040 元，并免费于 2011～2015 年中被《中国盆景赏石》刊登上 1 次"2011 中国盆景人群像"特别专栏（每人占刊登面积小于标准的 1 寸照片）。同时该会员姓名会刊登于"本期中国盆景艺术家协会会员名录"专栏 1 次。请一次性交清 4 年会费者同时寄上 1 寸头像彩照 3 张。

二、往届会员交纳会费办法同新会员

多年未交会费自动退会的老会员可从第五届开始交纳会费、向秘书处上报审核会员证信息、确认符合加入第五届协会会员的相关条件后可直接办理变更、更换为第五届会员证或理事证。

如何成为中国盆景艺术家协会第五届理事会理事？

一、基本条件：

1. 是本协会的会员，承认协会章程，认可并符合第五届理事会的理事的加入条件和标准。

2. 积极参与协会活动，大力发展协会会员并有显著工作成效。

二、理事会费标准：中国盆景艺术家协会第五届理事会理事的会费为每人每年 400 元。每届 2000 元需一次性交清。以上会费多缴将被计入对协会的赞助。

三、理事受益权：除将受邀参加全国理事大会和协会一切展览活动之外，每月将得到协会免费赠送的《中国盆景赏石》一本，连续免费赠送 4 年共 48 本，但需支付邮局规定的挂号费（全年 76 元）。

本届 4 年任期内将登上一次《中国盆景赏石》"中国盆景艺术家协会本期部分理事名单"专栏（请交了理事会费者同时寄上 1 寸护照头像照片 3 张）。

【已赞助第五届理事会会费超过 10000 元者免交第五届理事费】

四、往届理事继任第五届理事的办法同上：多年未交理事会费自动退出理事会的往届理事可从第五届开始交纳理事会费，向秘书处上报审核理事证信息、经秘书处重新审核及办理其他相关手续后确认符合加入第五届理事会的相关条件后可直接办理变更、更换为第五届理事证。

如何成为中国盆景艺术家协会第五届理事会协会会员单位？

一、基本条件：

1. 承认协会章程，认可并符合第五届理事会的协会会员单位的加入条件和标准。

2. 积极参与协会活动，大力发展协会会员。

3. 提供当地民政部门批准注册登记的社会团体法人证书复印件。

二、协会会员单位会费标准（年）每年获赠《中国盆景赏石》一套【12 本】。

会费缴纳标准如下：

1. 省级协会：每年 5000 元。

2. 地市级协会：每年 3000 元。

3. 县市级及以下协会：每年 1000 元。

会员单位受益权：除将受邀参加全国常务理事大会和协会一切展览活动之外，每月将得到协会免费赠送的《中国盆景赏石》1 本，连续免费赠送 4 年共 48 本，但需支付邮局规定的挂号费。

本届 4 年任期内将登上一次《中国盆景赏石》"盆景中国"人群像至少一次。

加入手续：向秘书处上报申请报告，经协会审核符合会员单位相关条件并交纳会员单位会费后由协会秘书处办理相关证书。